|新世纪全国高等教育影视动漫艺术丛书|

INTERACTIVE DESIGN OF DIGITAL MEDIA

数字媒体交互设计

◎国家科技部"科技支撑计划"项目成果
◎国家文化部"原动力"支持计划成果
◎国家教育部"教学成果一等奖"内容产品

师涛 / 编著

 国家一级出版社
全国百佳图书出版单位

西南师范大学出版社
XINAN SHIFAN DAXUE CHUBANSHE

U0319892

图书在版编目（CIP）数据

数字媒体交互设计 / 师涛编著. —— 重庆 ：西南师
范大学出版社，2015.8
（新世纪全国高等教育影视动漫艺术丛书）
ISBN 978-7-5621-7549-0

Ⅰ．①数… Ⅱ．①师… Ⅲ．①数字技术－多媒体－设
计 Ⅳ．①TP37

中国版本图书馆CIP数据核字(2015)第173855号

新世纪全国高等教育影视动漫艺术丛书
主 编：周宗凯
数字媒体交互设计 师涛 编著
SHUZI MEITI JIAOHU SHEJI

责任编辑：袁理
整体设计：张毅 王正端
排 版：重庆大雅数码印刷有限公司·黄金红
出版发行：西南师范大学出版社
地 址：重庆市北碚区天生路2号
邮 编：400715
网 址：http://www.xscbs.com
电 话：(023)68860895
传 真：(023)68208984
经 销：新华书店
印 刷：重庆康豪彩印有限公司
开 本：889mm×1194mm 1/16
印 张：7
字 数：218千字
版 次：2015年8月 第1版
印 次：2015年8月 第1次印刷
ISBN 978-7-5621-7549-0
定 价：42.00元

本书如有印装质量问题，请与我社读者服务部联系更换。
读者服务部电话：(023)68252507
市场营销部电话：(023)68868624 68253705

西南师范大学出版社正端美术工作室欢迎赐稿，出版教材及学术著作等。
正端美术工作室电话：(023)68254657（办）13709418041（手）QQ：1175621129

序 | PREAMBLE

从某种意义上讲，动画不仅仅是一门集艺术与技术于一体的学科，它还是当代文化艺术的集合点——文学、影视、美术、音乐、软件技术等尽汇其中。动画也是一个产业——已成为世界创意产业中非常重要的组成部分，这必然涉及产品和产业的系统策划、衍生产品开发、市场营销等。由此，动画必然成为一个内容庞杂、体系庞大的学科。

动画创作从编剧到技术制作，再到配音，要跨越几个专业，因此，没有团队的协作很难完成。这使动画教学自然还要涉及团队合作精神和工程规划、流程管理等方面。

怎么去实施这些复杂的内容教学呢？

首先，一套优秀的教材对于学校教学和学生学习都是十分重要的，不敢说它就是动画教学机构和动画学子的"锦囊妙计"，但通过教材规划出知识结构的框架和逻辑，使教学有规范，使学生的思考有路径，是十分必要的。但什么是优秀教材？在我看来，"系统性"是十分重要的。按课程名称撰写教材并不是一件难事，将各种动画知识堆砌成一堆所谓的"教材"也不是难事，但要真正使其形成一套系统性的教材是十分困难的。因此，我们专门从全国高校物色那些不仅在相关课程教学中极富经验，而且主持过教学管理、项目管理的领军人物组成编写班子，并经多次研讨、论证、磨合，才完成了本丛书的规划。

其次，动画艺术是一门技术性、实作性很强的艺术。因此，动画教材的编写，不仅要求编写者要有丰富的动画艺术理论知识和教学经验，还要有动画项目的实战经验。使教材超越"常识"层面，才能对学生实践有引领作用，才能以此为垂范去引导学生。本丛书在作者选择上就首先选择了这类专家，同时还吸纳了部分业界精英、创作一线的骨干共同完成这套教材的编写。

本丛书自2008年出版以来，期间进行了多次的修订，将实践经验注入其中，使之不断完善。

特别值得一提的是本丛书的编撰得到了国家相关部门的支持。首先，教材中的部分内容源于我所主持的国家科技部"科技支撑计划"项目成果，这个项目为本丛书的部分技术论证提供了平台。此外，国家文化部"'原动力'中国原创动漫出版扶持计划"项目为本丛书的多项技术实验提供了支持。重庆市科学技术委员会的"重庆影视高清技术支持平台"和"动画产业人才培训基地"成为本丛书试用平台和技术论证平台。没有这些项目和研究平台的支持，本丛书的实践内容将大大削弱，在此对有关部门表示深深的谢意。

当然更应该感谢西南师范大学出版社将这套教材推介给全国广大的读者和同行。在整个编撰过程中，他们的许多建议和努力促进了本丛书的完善，同时他们还为本丛书的出版做了大量烦琐的事务性工作，在此深表感谢。

前言 | FOREWORD

近20年来，随着高新技术的迅猛发展和数字化信息时代的不断进步，数字媒体领域不断繁荣。数字媒体交互设计在以计算机与因特网为代表的信息科技的推动下，已经发展成为一个内涵广阔的新兴产业。在当代的社会背景下，各种类型的公司对实用型数字媒体交互设计人才的需求日益增加，高等教育教学机构也越来越关注数字媒体交互设计的人才培养与理论研究。数字媒体交互设计的人才培养已经进入发展最迅速的阶段。越来越多的国家都将大力推进数字媒体行业的发展作为国家经济发展的重要战略。无论国内还是国际市场，此行业的蓬勃发展必将使市场对人才的渴望日趋紧迫。

现如今，随着网络通信技术的发展和科技的创新，以及国家对文化产业的高度关注，数字媒体产业将得到大力支持，行业的快速发展对人才的需求也将日趋紧迫。

反观目前国内数字媒体交互设计领域格局，数字媒体交互设计作为一个跨学科的交叉研究领域，学科综合性较强。在交互设计的大概念下每个学校以及团体对交互设计都有自己的理解，数字媒体交互设计的研究在人机交互方面的技术相对成熟，但数字媒体交互的教学方式较为薄弱。再加上毕业生知识结构与实践经验的缺陷，使其一时不能迅速转变思维模式，融入职场中。这个现象不仅对数字媒体交互设计人才的培养提出了挑战，也为交互设计教育工作者和从业人员提供了机遇。巨大的行业需求等待着更多的具备设计专业素养的人才去研究与探索。

本书作为高等教育艺术类专业教材，课程的知识点紧密围绕数字媒体交互设计行业标准和人才培养这两个重点进行设计。编者结合自己多年的数字媒体交互设计创作和教学经验，从实用型人才的角度出发，结合学生自身学习的特点进行编纂。在理论上深入浅出，将复杂的原理简单化，枯燥的理论生动化，相关设计案例具体化。

本书将精心挑选的符合行业标准的经典案例巧妙地融入教学内容中，尽可能地结合数字媒体交互设计的专业特点，采用合理的图文混排形式将教学内容生动有效地展示给学生，也使学生在得到一本教材的同时拥有了一套具有较强专业性和收藏性的资料集。

本书为满足不同条件的专业学生与数字媒体交互设计爱好者的需求，在每个章节后面都安排了具体的作业练习，帮助学生对所学章节知识及时进行自学与巩固，使学生在具备充分理论知识素养的基础上，注重锻炼实践动手能力，培养他们成为企业需要的实用型、复合型专业人才。

希望本教材能够更进一步地丰富数字媒体交互设计教学领域的理论成果，为有志于学习数字媒体交互设计并立志于投身设计行业的学员的职业生涯铺设前景光明的道路。同时，加强教育界和创意产业界的沟通与对话，共同打造中国数字媒体交互文化产业发展的美好未来。

目录 | CONTENTS

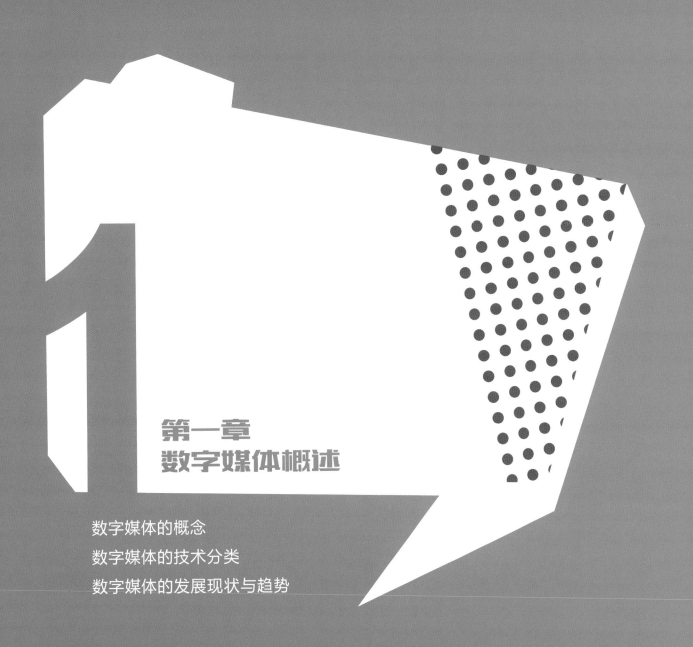

第一章
数字媒体概述

数字媒体的概念

数字媒体的技术分类

数字媒体的发展现状与趋势

重点：

　　本章着重分析了数字媒体与传统媒体的关系以及数字媒体目前的发展状况与未来的发展趋势，详细讲解了数字媒体的具体分类，阐述了数字媒体技术衍生的一系列相关技术。

　　通过本章的学习，学生能够清晰地了解到数字媒体的诞生对当下社会带来的冲击与变革，能够清楚地感受到时代的发展对数字媒体行业趋势的影响。

难点：

　　能够正确认识媒体与数字媒体之间的联系与差异，对数字媒体的分类与相关技术进行深入的剖析，将理论知识应用到实际案例中进行研究和探索，为今后的学习做好铺垫。

1.1 数字媒体的概念

1.1.1 媒体与数字媒体

1. 媒体

　　媒体是指传播信息的载体，即在信息传递的过程中，人类用来传递信息与获取信息的工具、渠道、载体、中介物或技术手段。也可以把媒体看作是将信息传递到受众整个过程中的载体和工具。媒体有两层含义：一是指具备承载并传递信息功能的物体，二是指储存、呈现、处理、传递信息的实体。

2. 媒体的划分

　　国际电报电话咨询委员会CCITT（International Telegraph and Telephone Consultative Committee，国际电信联盟ITU的一个分会）从技术层面上把媒体分成五类：感觉媒体、表示媒体、显示媒体、存储媒体、传输媒体。

　　（1）感觉媒体（Perception Media）

　　感觉媒体指能够直接作用于人的感觉器官，使人产生直接感觉（视、听、嗅、味、触觉）的媒体，常见的感觉媒体分为文本、图形、图像、动画、音频和视频几大类，如人类的各种语言、文字、音乐，自然界的其他声音，静止的或活动的图形、图像等信息。（图1-1）

　　（2）表示媒体（Representation Media）

　　表示媒体就是信息的表示方法。信息本身是无形的，如果要使信息能被人理解和接受，必须将信息通过一定的方式表示出来。例如语言文字就是一种表示媒体。在没有经过表示媒体的"表示"之前，表示媒体并不能让外界事物获得任何信息。

　　表示媒体就是指为了传送感觉媒体而人为开发研究的媒体，借助这一媒体可以更加有效地存储感觉媒体；或者是将感觉媒体从一个地方传送到另外一个地方的媒体，它是传输感觉媒体的中介媒体，即用于数据交换的编码，如图像编码（JPEG、MPEG等）、文本编码（ASCII、GB2312等）和声音编码等。在计算机中使用不同的格式来表示媒体信息。（图1-2）

图 1-1 感觉媒体

```
rain@rain-R518:~/桌面 $ ls
android_logo.png
rain@rain-R518:~/桌面 $ convert -depth 8 android_logo.png rgb:android_logo.raw
rain@rain-R518:~/桌面 $ ls
android_logo.png   android_logo.raw
rain@rain-R518:~/桌面 $ export PATH=/usr/local/src/EMobile/EMB9G45/Android-2.1_r2
/out/host/linux-x86/bin:$PATH
rain@rain-R518:~/桌面 $ rgb2565 -rle <android_logo.raw> initlogo.rle
130560 pixels
rain@rain-R518:~/桌面 $ ls
android_logo.png   android_logo.raw   initlogo.rle
rain@rain-R518:~/桌面 $
```

图 1-2 表示媒体

（3）显示媒体（Presentation Media）

显示媒体是指呈现感觉媒体的设备，也是指进行信息输入和输出的设备。显示媒体分为两类，一类是输入显示媒体，如话筒、摄像机、光笔以及键盘等；另一类为输出显示媒体，如扬声器、显示器以及打印机等，可以使电信号和感觉媒体之间产生转换。（图1-3）

（4）存储媒体（Storage Media）

存储媒体是指用于存储表示媒体的载体，即存放感觉媒体数字化后的代码的媒体。简而言之，是指用于存放某种媒体的载体，如磁盘、光盘、磁带等。（图1-4）

（5）传输媒体（Transmission Media）

传输媒体是指传输信号的物理载体，传输媒体的物理介质，有同轴电缆、光纤、双绞线以及电磁波等。（图1-5）

图1-3 显示媒体——电脑显示器

图1-4 存储媒体——光盘

图1-5 传输媒体——双绞线

3. 数字媒体

数字媒体是指以数字化的形式记录、处理、传播、获取信息的载体。这些媒体包括数字化的文字、图形、图像、声音、视频影像、动画以及表示这些感觉媒体的编码等，统称为"逻辑媒体"，以及存储、传输、显示逻辑媒体的实物媒体。数字媒体不仅包括纯粹的数字化内容，还包括为数字化内容提供支持的各类理论、技术与硬件设备。数字媒体技术为数字媒体产业的发展提供了坚实的技术支持，促进了数字媒体技术的应用、发展与创新。

随着科技的进步与发展，产生了广义数字媒体的概念。广义数字媒体，是指利用数字技术、网络技术，通过互联网、宽带局域网、无线通信网、卫星等渠道，以及电脑、手机、数字电视机等终端，向用户提供信息和服务的传播形态。数字媒体是信息科技与媒体产品的紧密结合，是媒体传播市场发展的趋势和方向。（图1-6）

《2005中国数字媒体技术发展白皮书》将数字媒体定义为：数字媒体是数字化的内容作品，以现代网络为主要传播载体，通过完善的服务体系，分发到终端和用户进行消费的重要桥梁。这一定义强调了网络化是数字媒体传播过程中最显著和最关键的特征，也是媒体发展的必然趋势。

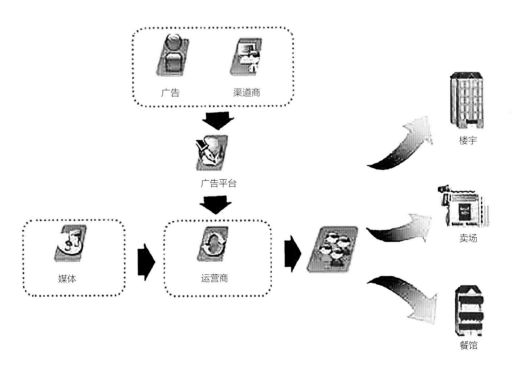

图1-6 数字媒体宣传

1.1.2 数字媒体与传统媒体的关系

传统意义上的媒体是指电视、广播、杂志、报纸等，用某种形式完成信息的传播。而数字媒体是在传统意义的媒体的基础上，运用数字媒体技术，完成信息的加工与传播的一种方式。

数字媒体技术的运用让人们对平面媒体信息获取的枯燥性、延迟性、非互动性等不足的方面加以改善，运用数字技术、无线技术和互联网技术改善信息冗杂以及信息质量残损的缺点，使在保证信息量的基础上让多个受众群体得到及时的交流沟通与反馈，形成了市场—受众—市场反馈的良好循环模式，更大程度地清除了信息的冗余，增加了信息的有效性。

与传统媒体相比，数字媒体有很大的不同。首先，在内容方面，数字媒体比传统媒体提供的内容丰富，很多内容可以由用户自己提供；其次，数字媒体更为精准、个人化，有更多互动空间；再次，数字媒体与传统媒体一个很重要的区别就是其包含了技术成分，技术人员可以通过一种表现方法、表现形式等进行配合。（图1-7）

随着数字技术、网络技术的迅速发展，传统广播正向数字广播、网络广播、多媒体广播方向发展；传统电视正向数字电视、高清电视、超高清电视、网络电视、移动电视、次时代电视方向发展；电影正向数字电影、立体电影、交互电影方向发展；广播电视网也正向着数字、双向、智能、多功能、全业务方向发展，互联网技术为数字媒体的发展提供有力的支撑平台。

1. 传统媒体与数字媒体对比：自身的不足

传统的三大媒体中，报纸以文字传播为主，比如记者在报道复杂的新闻事件时只能采取单一的、线性的报道方式，对客观的新闻事件需要做抽象的概括，难免与客观真实有所差别；受版面限制，新闻信息的容量有限，只能截取最有新闻价值的信息，编辑主观筛选适合

图 1-7 互动式数字化复合媒体

图 1-8 传统媒体——报纸

大多数人阅读的信息，因而缺乏个性化，不能全面满足各种受众的阅读需要；受出版时间的限制，报纸新闻的更新速度只能以"天"为单位，虽然可以以号外（报社在遇有重大突发事件所临时印发的新闻报纸）的方式补充重要的新闻信息，但在信息时代，报纸的时效性和新闻含量远落后于网络；发行量受受众数量和地域的限制，导致新闻源和传播覆盖面有限；印刷报纸的程序繁琐，检索查询更是劳心费力。以上种种弊端导致传统媒体已经呈逐渐退化的趋势。（图1-8）

广播主要以声音传播为主，声音稍纵即逝，不易记录和保存；在视觉上缺乏直观、生动的形象；广播是线性的传播方式，听众只能按照电台的播出顺序收听，而且不能重复；电台发射的电波信号受天气、接收方位和其他电台相近频率的电波等条件的干扰，可影响受众的收听效果。（图1-9）

电视虽具备了声画结合的特点，但其表现形式仍较为单一，电视新闻受节目时间的严格限制，只能在规定的节目时间内传播相应的信息，中央电视台的《新闻联播》是30分钟，那就只有30分钟的时间来传播新闻信息，在播出其他形式的电视节目时，即时的新闻信息只能以字幕的方式出现在屏幕上，此种形式可影响传播效果，而且以这种方式出现的新闻信息往往不能满足受众对该条新闻的更具体、更全面的需求；电视受制于地域和电视台的新闻触角，受众并不能自主地选择接收的新闻内容；而且，电视和广播一样，是线性的传播方式，不能反复收看。（图1-10）

另外，这三大媒体的信息传播方式都是单向传播，观众不能随意地切换自己想看的时段，没有互动的娱乐方式，只能被动地接受节目信息，而且缺少自主选择的权利与信息反馈的途径。

图1-9 广播——喇叭

图1-10 电视——《新闻联播》

2. 数字媒体对传统媒体的冲击

数字媒体以其自身的传播优势不可避免地对传统媒体造成巨大的冲击。网络将世界连成一体，使其真正成为一个“地球村”。面对屏幕，整个世界如同搬进了家中，没有距离感，突破了时空限制，数字媒体通过网络可以使用户随时随地从互联网获取全球的信息。

数字媒体突破了时空限制，对人们的生活方式产生了重大影响。人们随时可获取信息，关注重大事件的发展过程，数字媒体的强时效性使信息的传递不受任何时空限制，一件事情发生不到两分钟即可通过网络媒介传递给受众，数字媒体可以做到实时传播、同步传播、连续传播。传统媒体在如今的环境下已满足不了受众的求知欲。对于新闻的制作和发布，传统媒体在经过写稿、排版、校样、印刷等组织处理过程之后，还要借助中介传播，这让新闻时效性远远滞后于数字媒体。（图1-11）

数字媒体的交互功能突破了媒体的限制，使网友既是新闻信息的接收者，又可以成为信息的传播者和发布者。人们可以在任何时候、任何地方向任何一个拥有网络传输设施的人提供信息，网友按动鼠标，就可以与其他用户进行交流。可见数字媒体与受众之间的交流更方便、更及时、更接近，在倾听读者呼声、接收反馈等方面都比传统媒体要更胜一筹，这为人们互相交流，制造、利用各种信息资源，开辟新的事业提供了极大方便。

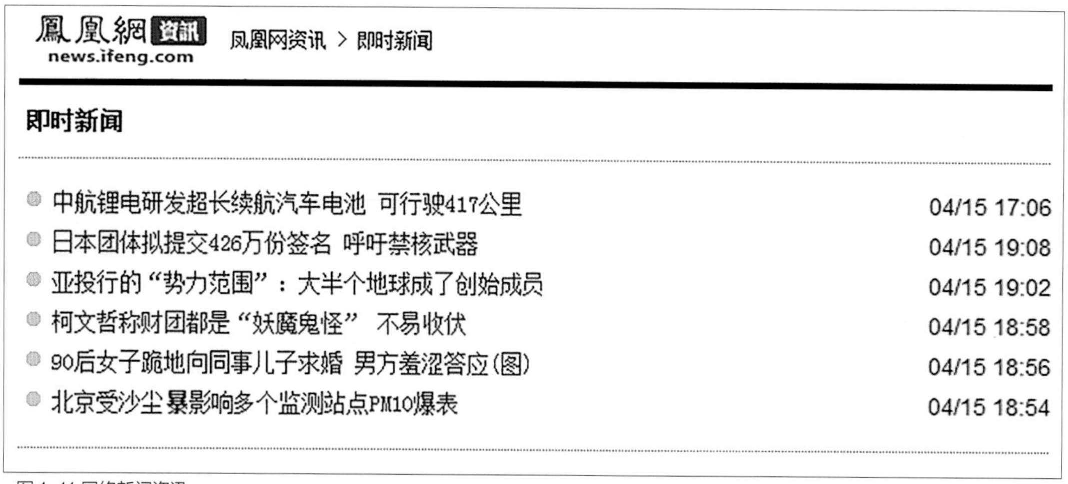
鳳凰網 資訊
news.ifeng.com
凤凰网资讯 > 即时新闻

即时新闻

中航锂电研发超长续航汽车电池 可行驶417公里	04/15 17:06
日本团体拟提交426万份签名 呼吁禁核武器	04/15 19:08
亚投行的“势力范围”：大半个地球成了创始成员	04/15 19:02
柯文哲称财团都是“妖魔鬼怪” 不易收伏	04/15 18:58
90后女子跪地向同事儿子求婚 男方羞涩答应(图)	04/15 18:56
北京受沙尘暴影响多个监测站点PM10爆表	04/15 18:54

图1-11 网络新闻资讯

1.1.3 数字媒体的应用与分类

1. 数字媒体的应用

（1）文本与文本处理

文字信息在计算机中用文本来表示，文本是基于特定字符集成的、具有上下文相关性的字符流，每个字符均用二进制编码表示。文本是计算机中最常见的一种数字媒体，其在计算机中的处理过程包括：文本准备、文本编辑、文本处理、文本存储与传输、文本展现等。

（2）图像与图形

计算机中的数字图像按其生成方式可以分成两大类：第一类是图像，是从现实世界中通过扫描仪、数码相机等设备获取的图像，也称为取样图像、点阵图像或位图图像；第二类是图形，是使用计算机数学的运算方式制作或合成的图像，也称为矢量图形。使用计算机对数字图像进行去噪、增强、复制、分割、提取特征、压缩、存储、检索等操作处理，称为数字图像处理。

（3）数字音频

数字音频是模拟声音进入计算机后的一种记录和存储形式。声音是传递信息的一种重要媒体，也是计算机信息处理的主要对象之一，它在多媒体技术中起着重要的作用。计算机在处理声音时，除了输出仍用波形形式外，记录、存储和传送都不能使用波形形式，而必须进行数字化，使时间上连续变化的波形声音变为一串由"0""1"构成的数字序列，这种数字序列就是数字音频。数字音频主要用光盘、硬盘来储存和记录。数字音频是一种连续媒体，数据量大，对存储和传输的要求比较高。

（4）数字视频

数字视频是指以数字信息记录的视频资料。视频是指内容随时间变化的图像序列，也称为活动图像或运动图像，常见的视频有电视和计算机动画。电视能传输和再现真实世界的图像和声音，是当代最有影响力的信息传输工具之一。计算机动画是计算机制作的图像序列，是一种计算机合成的视频。

2. 数字媒体的分类

（1）静止媒体和连续媒体

如果按时间属性来分，数字媒体可分成静止媒体（Still Media）和连续媒体（Continues Media）。静止媒体是指内容不会随着时间的变化而变化的数字媒体，比如文本和图片；而连续媒体是指内容随着时间的变化而变化的数字媒体，比如音频、视频、虚拟图像等。（图1-12、图1-13）

图 1-12 静止媒体

图 1-13 连续媒体

图 1-14 自然媒体——图像

图 1-15 合成媒体——三维动画角色

（2）自然媒体和合成媒体

按来源属性分，数字媒体可分成自然媒体（Natural Media）和合成媒体（Synthetic Media）。其中自然媒体是指将客观世界存在的景物、声音等，使用专门的设备进行数字化和编码处理之后得到的数字媒体，比如使用数码相机拍的照片，数字摄像机拍的影像、数字电影电视等。合成媒体则是指以计算机为工具，采用特定符号、语言或算法表示的，由计算机生成（合成）的文本、音乐、语音、图像和动画等，比如用三维图像制作软件制作出来的动画角色。（图1-14、图1-15）

（3）单一媒体和多媒体

按组成元素来分，数字媒体可以分为单一媒体（Single Media）和多媒体（Multi Media）。顾名思义，单一媒体就是指单一信息载体组成的媒体；而多媒体则是指多种信息存在于一种载体的表现形式和传递方式。（图1-16、图1-17）

图 1-16 多媒体展厅

图 1-17 单一媒体

1.2 数字媒体的技术分类

数字媒体技术主要研究包括数字媒体的表示、记录、处理、储存、显示、管理等各个环节的软件和硬件技术，以具有交互性和使用网络媒体为基本特征，融合数字信息处理、计算机技术、数字通信技术和网络技术等现代计算和通信手段，综合处理文字、声音、图形、图像等信息，使抽象的信息变成可感知、管理和交互的信息，所包含的领域有数字网络、虚拟现实、数字游戏、数字电视、数字影视、数字出版等。

1.2.1 数字媒体信息获取与输出技术

1. 数字媒体信息获取技术

数字媒体信息的获取是数字媒体信息处理技术的基础，其关键技术包括声音和图像等信息获取技术、人机交互技术等。数字媒体信息的输入与获取的主要设备包括键盘、鼠标、光笔、跟踪球、触摸屏、语音输入和手写输入等交互设备，以及适用于获取图形图像的数码相机、数码摄影机、扫描仪、视频采集系统等。（图1-18）

2. 数字媒体信息输出技术

数字媒体信息的输出技术是指将数字信息转化为人类可感知的信息的技术，主要目的是为数字媒体信息提供更丰富、更人性化和更具有交互性的界面。主要的技术包括显示技术、硬拷贝技术、声音技术、三维显示技术等，数字媒体内容输出的载体有各类光盘和其他数字出版物等。（图1-19）

图 1-18 触摸屏

图 1-19 三维显示技术

图 1-20 硬盘阵列

1.2.2 数字媒体储存技术

目前在数字媒体领域中，占主流地位的储存技术主要有以下三种。

1. 磁储存技术

磁储存技术的特点是应用灵活、存储方便，能够很容易地将磁信号转化为电信号进行信息计算与传输，在技术上具有相当大的开发潜力，但介质易损坏，不易永久储存。目前应用于数字媒体的磁存储技术主要有硬盘、硬盘阵列等。（图1-20）

图 1-21 CD 光盘　　　　　　　　　　　　　　　　图 1-22 半导体存储器

2. 光存储技术

光存储技术具有存储密度高、存储寿命长、非接触式读写和输出、信息的信噪比高、信息位的价格低等优点。（图1-21）

3. 半导体存储技术

半导体存储技术是一种以半导体电路作为存储载体的存储器。存储器就是由称为存储器芯片的半导体集成电路组成，其优点是体积小、存储速度快、存储密度高、与逻辑电路接口较容易。半导体存储器按功能不同分为随机存储器和只读存储器。（图1-22）

1.2.3 数字媒体信息处理与生成技术

在数字媒体信息处理与生成技术中，最具有代表性的是数字音频处理技术与数字图像处理技术，数字媒体信息处理技术的研发也是以数字音频处理技术和数字图像技术为主体。

数字音频处理技术是指把模拟声音信号通过采样、量化和编码过程转换成数字信号，然后进行记录、传输以及其他加工处理，在重放时再将这些记录的数字音频信号还原为模拟信号，获得连续的声音。数字音频处理技术涉及广泛的技术领域，其中关键的技术包括：信道编码调制技术、信源压缩编码技术、模拟/数字转换技术。（图1-23）

数字图像技术是指将图像信号转换成数字信号并利用计算机对其进行处理的技术。将自然界的视觉信息转换成数字信号的过程称之为采集，然后将数字信号进行编码、储存、传输、解码、播放的过程就完成了整个数字图像的处理。图像的编码是数字图像技术中一项重要的工作。目前的图像编码技术在满足一定数字图像的保真度的要求下，对图像数据进行变换、编码和压缩，去除冗余数据，减少表示数字图像时需要的数据量，以便于图像的存储和传输。即以较少的数据量有损或无损地表示原来的像素矩阵的技术，图像编码技术也称图像压缩编码技术。（图1-24）

图 1-23 数字音频处理器　　　　　　　　　　　图 1-24 网络视频编码器

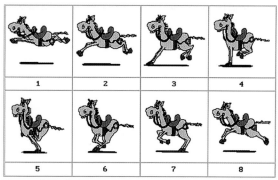

图 1-25 传统逐帧动画

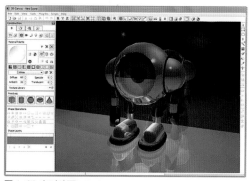

图 1-26 实时动画

计算机动画是采用连续播放静止图像的方法产生物体运动的效果。计算机动画技术是指采用数字图形图像的处理技术，借助于编程或动画制作软件生成一系列的数字画面，最终以一系列稍有区别的画面构成一段连续的动态画面，每一张画面称为"帧"，其中当前帧是前一帧的部分修改。

计算机动画经历了从二维到三维，从线框到真实感图像，从逐帧动画到实时动画的过程。计算机动画的关键技术体现在计算机动画制作的软件及硬件上。计算机动画制作软件目前已经有很多，不同的动画效果取决于不同的计算机动画软、硬件的功能。虽然制作的复杂程度不同，但动画的基本原理是一致的。（图1-25、图1-26）

1.2.4 数字媒体传播技术

数字媒体传播技术全面综合了现代通信技术和计算机网络技术，主要包括数字传输技术和网络技术等。数字媒体传播技术是集合了语言、文字、声像等元素传播方式的新的传播途径，是为适应现代社会发展的需求而出现的一种传播技术。（图1-27）

现代通信技术主要以数字传输技术为主。随着我国科学技术不断地向前发展，通信传输技术也在不断地发展，尤其是现代的光纤通信技术，它已经成为我国目前主要的通信传输方式。

图 1-27 数字媒体传播技术

计算机网络技术是通信技术与计算机技术相结合的产物。计算机网络是按照网络协议，将地球上分散的、独立的计算机相互连接的集合。连接介质可以是电缆、双绞线、光纤、微波或通信卫星。计算机网络具有共享硬件、软件和数据资源的功能，并能对共享数据资源集中处理、管理和维护。

1.2.5 数字媒体信息检索与安全技术

数字媒体数据库技术、信息检索与安全技术（数字版权管理技术和数字信息保护技术）是对数字媒体信息进行高效的管理、存取、查询，以及确保信息安全性的关键技术。

数据库技术是一种计算机辅助管理数据的方法，它研究如何组织和储存数据，如何高效地获取和处理数据。数字媒体数据库是数字媒体技术与数据库技术相结合产生的一种新型的数据库，数字媒体数据库技术完成对数字媒体数据的组织、编码、分类、储存、检索和维护等数据管理。

数字媒体信息检索技术包括图像处理、模式识别、计算机视觉、图像理解等技术，是多种技术的合成。数字媒体信息安全技术主要应用的技术是数字版权管理技术和数字信息保护技术，数字媒体信息安全技术的目的在于安全传输信息、知识产权保护和认证等。（图1-28）

图 1-28 CPSec Flash 多媒体数字版权管理系统

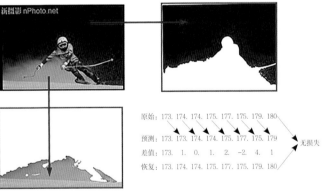

图 1-29 数字视频压缩技术

1.2.6 其他技术

数字媒体的其他技术还包括数字压缩技术、流媒体技术及虚拟现实技术。

1. 数字压缩技术

数字压缩技术，就是用最少的数字编码来表示信息的技术。由于数字化的多媒体信息，尤其是数字视频、音频信号的数据量特别庞大，如果不对其进行有效的压缩就难以得到实际的应用。因此，数据压缩技术已成为当今数字通信、广播、存储和多媒体娱乐中的一项关键的共性技术。数字压缩技术的使用，在信息的时域、频域、空间域、能量域等方面，都产生了显著的社会效益和经济效益。（图1-29）

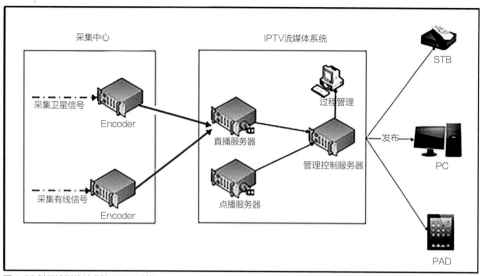

图 1-30 基于流媒体技术的 IPTV 系统

2. 流媒体技术

流媒体技术是指采用不间断水流式的传输技术在网络上连续实时播放的媒体格式，如音频、视频或多媒体文件。流媒体技术也称流式媒体技术。流媒体技术可将连续的影像和声音信息经过压缩处理后放上网站服务器，由服务器向计算机用户有序或实时地传送各个压缩包，让用户一边下载一边观看、收听，而不用等整个压缩文件下载到自己的计算机上才可以观看的网络传输技术。流媒体技术的出现，极大地减少了用户在线等待的时间，而且也提升了用户与网络之间的互动。（图1-30）

3. 虚拟现实技术

虚拟现实技术是利用电脑模拟产生一个三维空间的虚拟世界，为使用者提供关于视觉、听觉、触觉等的模拟，让使用者感觉身临其境一般，可以及时、没有限制地观察三维空间内的事物。（图1-31）

虚拟现实技术是多种技术的综合，该技术集成了计算机图形、计算机仿真、人工智能、传感、显示及网络并行处理等技术的最新发展成果，是一种由计算机技术辅助生成的高技术模拟系统。包括实时三维计算机图形技术，广角（宽视野）立体显示技术，对观察者头、眼和手的跟踪技术，以及触觉或力觉反馈、网络传输、立体声、语音输入输出技术等。

图 1-31 BMW 虚拟现实技术

1.3 数字媒体的发展现状与趋势

　　随着科技的不断发展，数字媒体已经渗透到我们生活工作的方方面面，并且在潜移默化地改变着我们的生活习惯和生活方式，推动着时代的发展，数字媒体已成为信息社会中最广泛的信息载体。随着数字媒体技术的发展，大众传播领域的数字化进程也日益加速，越来越多的数字媒体开始走进人们的生活。

　　数字媒体的发展不再只是互联网和IT行业的事情，而将成为全产业未来发展的驱动力和不可或缺的能量。数字媒体通过影响消费者行为而深刻地影响着各个领域的发展，消费业、制造业等都受到数字媒体的强烈冲击。

1.3.1 国内外数字媒体产业发展现状

　　在中国，虽然数字媒体产业起步相比其他国家晚了近十年，但如今国内数字媒体产业前景美好，以高科技与文化融合为特征的创意产业的公司发展也越来越迅速。随着计算机网络技术、数字电视技术和通信技术的日益成熟，我国数字媒体产业应用涵盖了信息、传播、广告、通信、电子产品、网络教育、娱乐、出版等多个领域，涉及计算机、影视、传媒、教育等多行业的产业集合，被称为是21世纪知识经济的核心产业，是继IT产业后又一个新的经济增长点。

　　近年来，我国数字产业发展迅猛，2012年年初，动画电影《喜羊羊与灰太狼之虎虎生威》以1.3亿元人民币的票房成绩，再铸国产动画电影的新里程碑；2013年，中国游戏产业继续保持快速增长，游戏市场实际销售收入超过830亿元，整个游戏市场出现端游、网页游戏、移动游戏等多形态共同繁荣的局面；2014年，中国智能手机用户首次达到5.19亿，大约占全球用户数量的30%；2015年春节联欢晚会上，央视春晚微信摇一摇互动总量达110亿次，峰值达8.1亿次/分钟，"微信红包"也创造了一次奇迹。

　　在国外，英国数字娱乐产业年产值占GDP的7.9%，成为该国第一大产业；美国网络游戏业已连续4年超过好莱坞电影业，成为全美最大的娱乐产业；在日本，媒体技术、电子游戏、动漫等产业产值也已超过钢铁业两倍，成为仅次于汽车业的第二大产业；韩国的数字产业，特别是游戏产业更是创下了令人瞩目的业绩，在韩国，数字内容产业已经超过汽车产业成为韩国第一大产业。

1.3.2 数字媒体的发展趋势

1. 规模不断扩大

数字媒体的发展日新月异，中国目前已经进入数字媒体的快速发展期，与数字媒体相关的多种产业逐渐兴起，汽车交互设备、游戏产业、教育产业等都开始关注数字媒体。同时，中国的人口基数决定了中国目前拥有世界上较大的互联网用户群，智能手机的兴起继续扩大这一趋势，市场的良性竞争环境吸引了大量的中小型数字媒体企业的加入，同时跨国的数字媒体企业也开始逐渐渗透中国市场。数字媒体交互是大数据时代的必然趋势，中国从传统的劳动密集型产业向知识密集型产业的转化也决定了数字媒体的经济地位。

近几年来，我国的动漫企业如雨后春笋般地涌现，从几百家发展到5000多家，每年都有许多新的动漫企业成立，全国动漫行业人员超过了20多万。我国特殊的文化结构及可持续的特点促进了动漫产业的快速发展。

与此同时，在数字游戏产业领域，我国近几年来衍生出越来越多的游戏研发公司，并自主研发出多款原创游戏，将市场价值无限发挥，占据了国内游戏市场经济收益的主导地位。我国的游戏市场巨大，并且在接下来的几年内，我国将对国内的游戏企业加以扶持，通过增加资金投入、创造产业环境、保护知识产权来打造良好的产业氛围。亚洲将是未来全球网络游戏的重要市场，而中国将成为亚洲地区最大的在线游戏市场之一。

2. 受关注程度越来越高

数字媒体产业得到了国家的关注和支持，并成为目前市场投资和开发的热点方向。在"十五"期间，国家"863计划"率先支持了网络游戏引擎、协同式动画制作、三维运动捕捉、人机交互等关键技术研发以及动漫网游公共服务平台的建设，并分别在北京、上海、湖南长沙和四川成都建设了四个国家级数字媒体技术产业化基地，对数字媒体产业积聚效应的形成和数字媒体技术的发展起到了重要的推动作用。

3. 相关专业层出不穷

2002年北京广播学院（现为中国传媒大学）获准开设数字媒体艺术专业，成为首个开设数字媒体艺术专业的院校，2003年浙江大学成为第一个获准开设数字媒体技术专业的院校。此后，各高等院校相继开设了"数字媒体技术"或"数字媒体艺术"相关专业。数字媒体专业设置在理工类、艺术类或传媒类等不同院校和不同学历层次中往往还会有自身鲜明的特色，在课程体系的设置上会有不同的偏重，作为一个较新的专业方向，数字媒体技术课程体系的建设必然是个不断摸索与调整的过程。

数字媒体产业有着巨大的发展潜力和广阔前景，数字媒体技术专业的人才一直处于供不应求的状态。据统计，目前我国数字媒体人才的缺口大约在每年15万人左右，无论是国家、行业还是人才市场的需求缺口是巨大的，并且逐年迅速增长。数字媒体正在走出艺术和设计的范畴，作为一个崭新的行业茁壮成长，以其独立的力量服务于社会，丰富人们的生活。广阔的市场和人才的急需，使高等院校数字媒体相关专业层出不穷。

教学导引

本章小结：

本章针对数字媒体的概念、应用与分类，以及数字媒体的发展现状和趋势进行了分析。通过本章的学习，学生会对数字媒体的概念有所理解；对数字媒体的相关技术有所认识；对数字媒体行业的发展现状有所了解；能够顺应时代的潮流并分析其未来发展趋势。理论知识的学习，有助于学生准确地对数字媒体专业进行定位，树立良好的学习意识，把握数字媒体的未来发展方向。

课后练习：

运用本章所学习的内容，归纳并梳理一条重大新闻在传统媒体与数字媒体上传播的时间、方式、受众群预测内容；分析传播途径的有效性与时效性，提出如何优化传播方案的个人意见和建议。

第二章
交互设计概述

2.1 交互设计的内涵

2.1.1 交互设计的概念

1. 交互

　　"交互"，在传统意义中，一方面指人与人之间的相互交往，另一方面特指人与物（特别是人造物体）之间的关系，如人们对饰品、乐器、玩具和收藏品的鉴赏、把玩和体验的过程。在现代语言环境下，随着计算机和数字媒体的发展，"交互"在这一领域中，特指人机之间的交流与互动。

2. 交互设计命名的由来

　　交互设计作为一门关注交互体验的新学科在20世纪80年代产生，它由IDEO的一位创始人比尔·莫格里奇（Bill Moggridge）在1984年的一次设计会议上提出，他一开始给它命名为"软面"（Soft Face），由于这个名字容易让人想起当时流行的玩具"椰菜娃娃"（Cabbage Patch Doll），所以后来把它更名为"Interaction Design"——交互设计。

3. 交互设计的定义

　　交互设计，又称互动设计，用来定义人造系统行为的设计领域。人造物，即人工制成物品，如软件、移动设备、人造环境、服务、可佩戴装置以及系统的组织结构。交互设计在于定义人造物的行为方式（即人工制品在特定场景下的反应方式）以及人与物相关的交互行为。交互设计指一个产品如何根据用户的行为而产生互动，以及如何让用户通过一些控制器去控制产品。使用网站、软件、消费产品、各种服务本身就是一种交互行为，用户通过人机界面向计算机输入指令，计算机经过处理后把输出结果呈现给用户，使用过程中的感觉就是一种交互体验。当大型计算机刚刚研制出来的时候，可能当初的使用者本身就是该行业的专家，没有人去关注使用者的感觉；相反，一切都围绕机器的需要来组织，程序员通过打孔卡片来输入机器语言，输出结果也是机器语言，那个时候同计算机交互的重心是机器本身。当计算机用户越来越多地由普通大众组成，随着移动终端设备的普及，在数字媒体技术大幅度发展的当今社会情景下，各种新产品和交互方式越来越多，人们对交互体验的关注也越来越迫切。

4. 交互设计的目的

从设计师角度出发，交互设计是一种如何让产品易用、有效且让人愉悦的技术，它致力于了解目标用户和他们的期望，了解用户在同产品交互时彼此的行为，了解"人"本身的心理和行为特点，同时，还包括了解各种有效的交互方式，并对它们进行增强和扩充。交互设计还涉及多种学科以及与多领域人员的沟通。

通过对产品的界面和行为进行设计，让产品和它的使用者之间建立一种有机关系，从而可以有效达到使用者的目标，这就是交互设计的目的。

2.1.2 交互设计的特征

交互设计具有学科交叉的特征，一个成功的交互设计案例背后一定有多个学科的相互协作努力。交互设计是一门从人机交互HCI领域分支并发展起来的新兴学科，是一个跨学科的知识领域，它涉及了计算机科学、人体工程学、心理学等多门学科。交互设计的作用是设计出供用户使用的产品或交互系统，因此，在人与机器或系统的交互设计过程中，首先应该体现以用户为中心的设计原则，理解用户的需求，就要从审美、人体工程学或计算机科学、软件工程学等方面去研究，这就意味着这些需求定会涉及许多领域的知识。近年来随着计算机科学和通信技术的发展，人机交互技术、方法、硬件设备、软件和手段也获得巨大的进步与发展，以人为本的设计原则将会被更加强化和得到具体运用，以用户为中心的这一发展趋势的日益增强也决定了交互设计这一新兴学科具有学科交叉的特征。

交互设计具有难以定性的特征，其原因在于，交互设计所关注的是人类的行为，而行为比外观更难以观察和理解。在日常生活中，每个人都会遇到好的或差的交互设计，但给交互设计做一个明确的定义却是一件相对棘手的事情，更困难的是用户体验的许多"现象"是隐藏在"界面"之后的，是由看不见的因素决定的。交互设计是一门基于实践经验总结并不断发展的学科，许多经验总结出的工作方法和解决途径并不是绝对的，因为这些方法和手段会伴随时代的发展而呈现出不同的发展趋势，伴随着软硬件的更新迭代，在反复的改进、尝试和验证的过程中，完善人与系统的和谐交互。

2.1.3 交互设计的价值和意义

1. 交互设计的价值

（1）艺术价值

如果将交互设计定义为产品的内涵，那视觉呈现形式就是它的表现。让用户有良好的视觉体验，可以使产品与用户产生情感上的交流互动。交互界面作为最直接与用户交流的途径，视觉审美对交互设计的作用不可轻视，只有抓住目标用户的情感体验与贴合用户想法的设计，才能有效触动和推进产品与用户之间的交流。在满足了用户对产品与交互信息结构展现的基础上，明确展现的信息是否清晰可读，情感的传达是否准确、用户的交互体验是否愉悦，才能评定一个交互设计作品的优劣。一个成功的设计产品必定在技术水平与艺术价值上都有着很好的体现。

图 2-1 杂乱无章的网页　　　　　　　　　　　　　　　　　　　　　　　图 2-2 条理清晰的网页

　　一些杂乱无章的网页其信息主次、层级、色彩都没有进行合理的设计（图2-1），用户操作起来必定毫无头绪。而设计良好的网页（图2-2），无论在内容的设计上还是在颜色的使用上，都能够让用户一目了然。

　　（2）应用价值

　　交互设计的优化可以使产品的使用者轻松地查阅所需内容并且能快速有效地访问到所需的信息、购买到所需的产品，并且在使用的过程中感到愉悦、符合自己的逻辑，获得独特的体验与情感上的满足。

　　例如，腾讯公司将即时信息软件腾讯QQ通讯录全新升级为微信电话本，QQ通讯录导入微信软件后，不仅仅UI界面更加类似微信，在功能上也可将与联系人对应的微信头像导入通讯录中，还可以识别陌生号码、支持来电号码归属地显示等，给用户带来了极大的便利。（图2-3）

　　（3）传播价值

　　交互设计的好坏会影响用户对产品的初步印象，同时也会影响用户对品牌的理解。优秀的交互设计会给市场带来增值，会提高用户对品牌的忠诚度并促进销量，从而使公司业务良性循环。

图 2-3 QQ 通讯录与微信电话本的产品升级对比

图 2-4 苹果产品

例如，美国加州库比提诺的苹果公司，通过生产Macintosh计算机、iPhone手机以及iPad平板电脑、iPod音乐播放器等知名产品，已经成为全球最重要的科技电子产品公司，以创新闻名于世界，无论在软件还是硬件的设计上，都具有举足轻重的绝对影响力。（图2-4）

2. 交互设计的意义

交互设计的意义在于提高产品与用户的交互质量，让用户在使用产品时能够产生愉悦的体验并对产品产生部分依赖。优秀的交互设计可以使产品变得简单易用，大大提高用户的工作效率。

例如，某个软件系统，用户要进行过一系列的操作步骤才能完成某项简单的任务。交互设计可以使这些步骤转化为一个操作序列，从而使这项任务变得简单，以此提高用户的工作效率；某个学习网站资源较多，但是在进行文件下载时，由于系统疏漏或网页不能自动跳转，用户使用不便，这时交互设计应帮助该网站找到用户不能完成下载的原因并进行改进，让用户获得良好的下载环境。

2.2 交互设计的相关技术

2.2.1 人机交互技术的概念

人机交互技术是指通过计算机输入、输出设备，以有效的方法实现人与计算机"对话"的技术，包括机器通过输出或显示设备给人提供大量有关信息及请示，人通过输入设备给机器输入有关信息，回答问题及请示等；也指通过电极将神经信号与电子信号相联系，达到人脑与电脑互相沟通，可以预见，电脑甚至可以在未来实现一种与人脑意识之间的交流，即心灵感应。

人机交互技术在计算机用户界面设计中占有重要的地位。它与认知心理学、人机工程学、多媒体技术和虚拟现实技术、增强现实技术等学科领域有密切的联系，其中，认知心理学与人机工程学是人机交互技术的理论基础，而多媒体技术与虚拟现实技术、增强现实技术、人机交互技术相互交叉和渗透。

2.2.2 人机交互的相关技术

1.计算机视觉技术

计算机视觉技术是一门研究如何使机器"看"的科学，是指用摄影机和电脑代替人眼对目标进行识别、跟踪和测量等，通过获取的数据，进一步做图形处理，使经过电脑处理过的图像成为更适合人眼观察或传送给仪器检测的数据。作为一门科学学科，计算机视觉技术通过研究相关理论和技术，试图建立能够从图像或者多维数据中获取"信息"的人工智能系统。这里的信息指"Shannon"，即可以用来帮助做一个"决定"的信息。因为感知可以看作是从感官信号中提取的信息，所以计算机视觉技术也可以认为是研究如何使人工系统从图像或多维数据中"感知"的科学。目前，计算机视觉技术成功地在视频智能监控、医学图像分析、地形学建模等领域得到广泛运用。

在数字产品中，数码相机的设计功能最为典范。例如：在进行拍照摄影时，镜头对面有人的区域，数码相机便会自动定位识别画面中的人脸所在位置，同时自动对焦，用户只需轻松按下快门即可捕捉到清晰人像人脸照片。在这一技术诞生之前，用户特别是新手用户时常因为手部晃动或碰撞等因素不易对焦，导致拍出来的人像胶片模糊失焦。（图2-5）

2.语音交互技术

语音合成是通过机械、电子的方法产生人造语音的技术。TTS技术（又称文语转换技术）隶属于语音合成，它是将计算机自己产生的，或外部输入的文字信息转变为可以听得懂的、流利的口语输出的技术。语音交互是基于语音输入的新一代交互模式，通过说话就可以得到反馈结果。典型的应用场景——语音助手，自从iPhone 4S推出Siri后，智能语音交互应用得到飞速发展。（图2-6）

图2-5 数码相机的自动对焦功能

图2-6 Siri 功能

如今，越来越多的软件都普遍使用了语音交互技术，例如滴滴打车软件的语音叫车功能，在交互设计上给用户带来了极大的便利；微信的语音输入功能，将普通话转换成文字发送给好友，这在一定程度上提高了输入文字的效率。（图2-7、图2-8）

3. 手写识别技术

手写识别（Handwriting Recognition）是指将在手写设备上书写时产生的有序轨迹信息转化为汉字内码的过程，实际上是手写轨迹的坐标序列到汉字的内码的一个映射过程，是人机交互最自然、最方便的手段之一。手写识别能够使用户按照最自然、最方便的输入方式进行文字输入，易学易用，可取代键盘或者鼠标。用于手写输入的设备有许多种，比如电磁感应手写板、压感式手写板、触摸屏、触控板、超声波笔等。

随着智能手机、掌上电脑等移动信息工具的普及，手写识别技术也进入了规模应用时代。手写识别技术应用到智能手机，为人们的生活带来了便利，手机通过内部的识别系统把手写的各种字体转换为手机可识别的标准字体显示在手机屏幕上，大大提高了输入的速度。（图2-9）

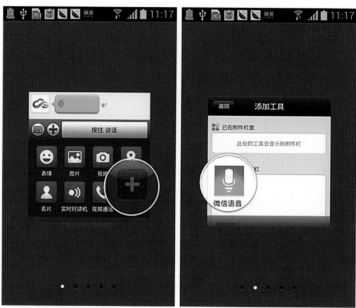

图 2-7 滴滴打车软件语音叫车功能　　图 2-8 微信语音输入功能

图 2-9 掌上电脑手写识别技术

4. 虚拟现实交互技术

虚拟现实交互技术是通过人机界面对复杂数据进行可视化操作与交互的一种新的艺术形式，又称为"灵境技术"。作为现代科技前沿的综合体现，虚拟现实交互技术是一门融合了数字图像处理、计算机图形学、多媒体技术等多个信息技术分支的综合性信息技术。与传统视窗操作下的新媒体艺术相比，交互性和扩展性的人机对话，是虚拟现实交互技术呈现其独特优势的关键所在。从整体意义上说，虚拟现实交互技术是新型的以人机对话为基础的交互艺术形式，其最大优势在于建构作品与参与者的对话，通过对话揭示交互性的过程。

5. 多通道人机交互技术

多通道人机交互是指用户在与计算机系统交互时，多个通道之间相互作用、共同交换交互意图而形成的交互过程。在用户的一次输入过程中，可能有多个通道参与其中，而每个通道都只携带了一部分交互意图，系统必须将这些通道的交互意图提取出来，并加以综合、判断，形成具有明确含义的指令。

2.3 交互设计的范畴

2.3.1 数字媒体设计

交互设计为数字媒体领域提供了更多的可能。例如，户外数字标牌是通过大屏幕作为终端显示的设备，发布商业、财经和娱乐信息的多媒体视听系统。在特定的物理场所、特定的时间段对特定的人群进行广告信息播放的特性，让其获得了广告效应。（图2-10）

2.3.2 移动媒体设计

交互设计在移动媒体领域给人们的生活带来了极大的便利。例如，车载多媒体交互系统福特SYNC通过全语音控制功能，使驾驶者在按下方向盘上Media的按键后就可以选择自

图 2-10 户外数字标牌——交互式数字标牌触摸屏

图 2-11 通过与移动端的蓝牙对接，福特 SYNC 可以实现语音搜索与操作

图 2-12 用户在手机端下载了 Entune 软件后可以和车载系统实现无线连接

己喜欢的歌手、歌曲，或者通过语音系统查询目的地，而车载的语音合成技术（TTS）还能够将从手机传输来的短信息变成有声信息广播出来，使驾驶者彻底将双手从控制键上解脱出来。（图2-11、图2-12）

2.3.3 网络媒体设计

交互设计在网络媒体领域中，特别是在多媒体交互系统中得到了广泛的应用。例如视频会议系统，可以使用户之间进行实时沟通交流，并且能轻松录制会议或答疑过程，便于后期观看，也可以利用Word、PPT轻松展示会议内容，用画笔重点圈注。（图2-13、图2-14）

图 2-13 视频会议

图 2-14 基于 iPad 的多媒体交互系统的登录界面

2.3.4 互动媒体设计

交互设计在互动媒体领域中最为普遍的就是触摸互动设备。例如多点触摸屏，在已上市产品中，苹果的iPhone以及MacBook笔记本都基本能够达到这种应用目的，微软也曾推出一款采用了多点触控技术的概念产品Surface，国产手机也都纷纷开始采用多点触摸技术。（图2-15～图2-17）

图 2-15 具有多点触控功能的魅族手机

图 2-16 多媒体互动触摸设备

图 2-17 多点触摸墙

图 2-18 2008 年北京奥运会开幕式

图 2-19 新媒体艺术装置

2.3.5 装置媒体设计

　　交互设计在装置媒体领域中应用最为广泛的就是新媒体艺术装置。其具有艺术家的设计、作品的自足、观众的参与三位一体的艺术活动性，在装置艺术作品中能够灵活运用新媒体艺术营造非常吸引人的现场气氛，取得出乎意料的表现效果。中国的奥运会开幕式就是这类作品的典范之一。（图2-18、图2-19）

2.3.6 虚拟媒体设计

　　交互设计在虚拟媒体中的发展，是人类历史上的重大变革。虚拟现实交互应用改变了人们的生活，被广泛应用于高端制造、国防军工、能源、生物医学、教育科研等领域。福特Five实验室的建造，优化了车型的设计过程，减少了资金与时间的消耗，极大地节约了设计成本。（图2-20、图2-21）

图 2-20 虚拟现实——福特 Five 实验室

图 2-21 虚拟现实眼镜

2.4 交互设计的理论探索者

2.4.1 交互设计之父——比尔·莫格里奇

比尔·莫格里奇（Bill Moggridge）是英国一位知名产品设计师，他率先将交互设计发展为独立的学科，被誉为"交互设计之父"。

在他的职业生涯中，一直致力于设计教育。他曾担任伦敦皇家艺术学院的交互设计专业客座教授以及美国斯坦福大学设计课程的副教授、英国政府的设计教育顾问和哥本哈根交互设计协会的成员，同时也是英国著名的交互设计师和世界著名的工业设计公司——IDEO公司的创始人之一，以及美国古柏惠特博物馆的指导长。他以采纳人性工程的工业设计理论著名，同时也是现今产品设计主流理论的开发者。他在1979年设计出的第一台贝壳式笔记本电脑"Grid Compass"，其外形至今仍是可携电脑的主流样式，该产品2010年曾荣获有"英国设计界奥斯卡"之称的"菲利浦亲王设计奖"（Prince Philip Designers Prize）。（图2-22）

比尔·莫格里奇编写了多本优秀的交互设计书籍，他对交互设计的贡献集中体现在其2007年出版的专著《交互设计》（*Designing Interactions*， 2008年12月由台湾麦浩斯出版社翻译出版，名称《关键设计报告：改变过去影响未来的互动设计法则》，许玉玲译，图2-23），该书系统地介绍了交互设计发展的历史、交互设计的重要性、交互设计的方法以及如何设计交互体验原型。他在书中概括出交互设计就是通过数字人造物来描绘我们的日常生活。

在这本书里，作者比尔·莫格里奇收录了那些影响人类生活近四十年的42位交互设计师的精彩访谈，他们在这个领域的工作改变了人们工作和娱乐的方式，收录了交互设计史上的经典案例：笔记本电脑的发明、鼠标操作模式改进、掌上电脑的成功问世、Amazon界面对网络购物的冲击、I-mode攻下日本手机市场、Google界面如何占领了网络世界、iPod横扫全球的设计秘密等。他把对用户的关注、创新设计以及出色的领导能力和产品的成功建立了因果联系。由于作者亦为大奖荣耀加身的知名设计师，曾设计全球首款笔记本电脑，也是硅谷IDEO设计公司的创始人之一，通过他的导引，读者得以更清楚掌握此领域的革新与演进。比尔·莫格里奇指出，数字技术已经改变了人和产品之间的交互方式，信息时代中交互产品的设计不再是一个以造型为主的活动，不再只是设计出精美或实用的物体，设计应更关注人们使用产品的过程。

图2-22 比尔·莫格里奇1979年设计出的第一台贝壳式笔记本电脑

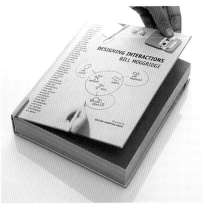

图2-23 *Designing Interactions*

2.4.2 交互设计的旗手和布道者——艾伦·库珀

交互设计公司总裁艾伦·库珀（Alan Cooper）也是交互领域的旗手和布道者，他拥有超强的号召力，并将交互设计的观念、思想用通俗易懂的语言在全球广泛传播，被誉为"VB（Visual Basic）之父"。

艾伦·库珀早期成立的IDEO交互公司已经成为该领域的大本营和思想库，该公司的设计理念和实践活动已经为许多公司开发新的产品提供了理论导向。此外，艾伦·库珀还领导发展了一种新的成功开发软件的方法，这个被称为"目标导向设计"（Goal-Directed Design）的设计方法给交互设计师提供了一个重视用户体验的指南。另外，他还开发了模拟用户需求的任务角色（personas）的设计流程和方法。作为Visual Basic的发明者，艾伦·库珀借着发行畅销的书籍和主持专题演讲巩固了他的先知地位，并促成了交互式设计策略和个人化概念的普及。

艾伦·库珀在1995年出版的《用户设计的基本原则》（*About Face*），成为20世纪交互设计的启蒙读物并受到广泛关注。在2003年出版的《软件观念革命——交互设计精髓》（*About Face2.0*，图2-24中，将交互设计的理念和原则阐述得更加完整。其后在2007年，在后工业世界的崛起和数字媒介的广泛使用的背景下，针对交互设计领域出现的新问题和新观念，推出 About Face 3.0（图2-25），该书对视觉界面设计的概念、方法和内容进行了更为全面的阐述，被誉为"交互设计领域的鼻祖级图书"。除了About Face系列以外，艾伦·库珀有代表性的著作还有让高科技产品回归人性的《交互设计之路——让高科技产品回归人性》（图2-26）。

图 2-24 *About Face 2.0*

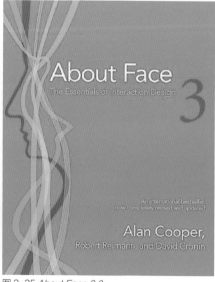

图 2-25 *About Face 3.0*

图 2-26 *The Inmates are Running the Asylum*

2.4.3 交互心理学倡导者——唐纳德·诺曼

唐纳德·诺曼（Donald Norman），美国认知心理学家、计算机工程师、工业设计家，认知科学学会的发起人之一。他不仅是美国西北大学计算机科学、心理学和认知科学的教授，加利福尼亚大学圣迭戈分校的名誉教授，同时还是尼尔森·诺曼集团的联合创办人和灵魂人物之一，苹果公司先进技术组的副总裁和一家远程教育公司的管理者。

他所阐明的以人为本的设计原则已深入人心，他所写的《设计心理学》已成了设计人员的必备经典。他着重关注人类社会学、行为学的研究，出版了大量的有关交互设计的书籍和研究报告。其代表作有 《设计心理学》（The Design of Everyday Things）以及 Things That Make Us Smart 。他的《看不见的电脑》（The Invisible Computer）曾经被美国《商务周刊》称作"后PC思想时代的圣经"。

唐纳德·诺曼2004年的著作《情感化设计》（Emotional Design，图2-27）着眼于从可用性到美学的过渡。此书以独特细腻、轻松诙谐的笔法，以本能层（visceral）、行为层（behavior）和反思层（reflective）这三个设计的不同维度为基础，阐述了情感在设计中所处的重要地位与作用，深入地分析了如何将情感效果融入产品的设计中，可解决长期以来困扰设计工作人员的问题——物品的可用性与美感之间的矛盾。本书堪称设计心理学的经典力作。

《情感化设计》是一部人文与科技知识相融合的书籍，列举了非常丰富且新颖的事例，从日常家用电器到电脑，从个人网站到电子邮件，从计算机游戏到电影，从现代通信工具（手机）到机器人，覆盖范围非常广泛，因而正如本书最后所指出的一样，我们都是设计师，每个人的工作和生活实际上都在与设计打交道。

图 2-27 Emotional Design

教学导引

本章小结：

　　本章针对交互设计的概念、价值与意义、相关技术与应用范畴进行了分析论述。通过本章的学习，学生可以全面地掌握以人机交互为主的交互设计理论知识；对交互设计的相关技术有深入的认识；对不同应用领域的交互设计产品进行分析理解，为学生的学习提供了方法和思路。

课后练习：

　　根据本章交互设计的概念以及对相关技术的学习，要求学生调查当今社会交互设计的发展现状，并做出一个实例分析调查报告。选择当下1~2个优秀的交互设计产品进行分析，制作一份总结报告。

3

第三章
数字媒体交互设计概述

数字媒体交互设计的内涵

数字媒体交互设计的主要特征

数字媒体交互设计的传播模式

重点：

　　本章着重讲述数字媒体交互设计的概念、特性及主要特征，对其技术特征与艺术特征进行了深入的分析。

　　通过本章的学习，学生能够对数字媒体交互设计的概念有一个明确的定位。并能够对数字媒体交互设计的特性有所了解，掌握其发展趋势，为今后的创作打下坚实的基础。

难点：

　　本章数字媒体交互设计的传播模式是学习难点，数字媒体交互设计是以人机交互为代表的学科，由于当代数字媒体交互设计行业不断发展和演变，其传播模式将不断发生变化，在学习的过程中，要进行不断的探究与思考，做到与时俱进。

3.1 数字媒体交互设计的内涵

3.1.1 数字媒体交互设计的概念

　　数字媒体交互设计是指以人机交互为基础、以数字媒体为内容的综合性技术学科。数字媒体交互设计以人机相互作用为基础的表现形式，是人和虚拟事物交往的行为反映，以数字化、智能化为表现。它强调人与机器之间的相互作用，强调用户的积极性和能动性，它要求用户参与到作品中并通过这种互动使产品本身发生可逆或不可逆的变化。

　　随着数字媒体技术的不断发展，人们通过交互手段给用户带来全新的体验。在人们接触数字媒体产品时，不再只是被动地接收，还可以主动地与该产品进行交流与沟通，这种方式加深了人们对该产品的理解，强化了人们的体验。

3.1.2 数字媒体交互设计的特性

1. 直观性

　　数字媒体交互设计的直观性，是将数字世界的交互与物理世界的交互相互结合，是一个同化的过程，是数字媒体交互设计的重要特性之一。直观性包括多个层次的含义，首先表现在操作的直接性，目的在于直接与内容进行交互，尽量减少交互的中介。其次表现为交互操作时表现效果的逼真程度和响应时间。逼真地表现、实时地响应能给用户带来愉悦的操作感受，而这种交互感受可以直接影响到交互的直观性。（图3-1）

图 3-1 汽车导航界面

图 3-2 现场微博的互动环节使得产品人气倍增

2. 互动性

数字媒体交互设计的互动性，是双向或多向沟通模式的确立。双向沟通模式颠覆了传统的大众传播，用户从单向被动地接收信息传递转换到主动地选择寻找或传播自己感兴趣的信息，单向传播的形式已从数字媒体用户的世界中淡出，互动的形式越来越受用户的关注，并且丰富多样化。数字媒体交互技术的数字产品加入了更多的可变因素，使数字产品能够为更多不同需求的用户提供选择的机会。多向沟通模式的用户不再是纵向地完成浏览，而是纵横交错地进行参与互动，寻找自己感兴趣的内容。（图3-2）

图 3-3 即时通讯软件

3. 即时性

数字媒体交互设计的即时性使用户对信息的获取不再受时空的限制，用户可以在任何时间和地点与其他任何人进行任何形式的信息交流和沟通，这给用户带来了极大的便利，改变了用户的生活方式。（图3-3）

4. 虚拟性

数字媒体交互设计能够创造出一个虚拟的环境和空间，在学习和认知方面，许多无法真实再现和复原的场景或事物都可以通过数字交互媒体虚拟出来，从而代替无法或无力还原的世界的展示方式，使用户能够更直观地去理解和感受这些未知领域。（图3-4）

5. 创意性

创意是数字媒体交互设计的灵魂。数字媒体交互设计创新技术带来广阔的创意空间，新技术的运用将营造出新的交互方式、交互流程、表达形式、表现效果，表达新的观念，给人以新的感受。

6. 综合性

数字媒体的综合性主要体现在其表现形式上，它是综合运用多种形式媒体和媒介的互动体验项目。目前看来，各种媒介交互设计的综合应用必将成为数字媒体交互发展的趋势，例如声音的动态感应、动画的虚拟模仿、图像的智能识别等综合应用，使产品的表现方式不再单一， 进而改善人们的生活方式，加速提升用户体验和操作过程的趣味性。（图3-5）

图 3-4 古今"穿越"虚拟考古体验馆

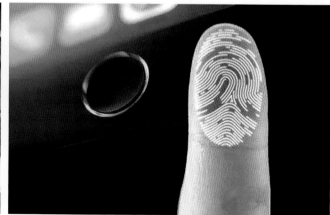

图 3-5 指纹识别功能

3.2 数字媒体交互设计的主要特征

3.2.1 技术特征

在人机交互过程中的计算机，是具有感应器、神经中枢和效应器的交互实体。充分利用人工智能领域的语音识别、人脸识别、运动识别技术和虚拟现实技术，使计算机具备感知能力和响应能力，是实现人机交互的前提。（图3-6）

数字媒体交互设计是以数字科技和现代传媒技术为基础，将人的理性思维和艺术感性思维融为一体的一种表现形式。数字媒体交互设计具有创作工具数字化、作品展示交互化、作品呈现多样化等特点。其具体体现为：与计算机技术结合的影视艺术、合成艺术、网络艺术等，通过与网络媒体的结合迅速广泛地传播，最后与智能软件结合进行艺术作品的创作。科技的进步和观念的创新将成为推动数字媒体交互设计发展的动力，而创意产业和信息设计将是数字媒体发展的主流，数字媒体交互设计将带来科学技术上的创新与思维变革。（图3-7）

人主要是通过视觉和听觉来感知外部世界，与人的感知方式类似，计算机的感知能力也主要通过视频和音频实现，对应人的眼睛和耳朵的是计算机的摄像头、话筒。

视觉的感知主要是检测行为动作、表情、姿势等，这种感知能力涉及目标检测、目标分离、目标定位、目标识别等环节，如通过挥手实现虚拟翻书，就需要检测手的运动趋势，首先要判断在各帧中手的位置，由其位置的变化，决定翻书动作的方向。声音的感知能力主要是体现在检测音量大小、频率高低，根据音量和频率的变化设计相应的响应。此外，还可根据对声音内容的识别进行交互设计。

感知能力的两个重要指标是感知的精度和响应时间，精度即检测的准确性，不同的交互方式对精度有不同的要求，如虚拟翻书，只需要区分运动趋势的两种方向即可；响应时间是指接受刺激到检测出结果的时间，实时响应是数字媒体交互设计的基本要求。

数字媒体的交互技术凭借数字媒体产生的大量图片、文字、声音、视频影像和动画等信息，以及计算机或其他设备上为人群及网络提供的数据库平台，在制造业、消费业、服务业等领域促进人群与计算机的交互，促进人群与人群之间的网络沟通，使人们的生活更加方便，使人类世界更加丰富多彩。

图 3-6 语音识别技术

图 3-7 国外股票交易系统界面

3.2.2 艺术特征

数字媒体交互设计的艺术特征包含了听觉和视觉上的感受，它是一种动态的艺术。数字媒体交互设计审美主体涉及了三维虚拟场景、动态构图、角色形象、运动规律、音效、灯光照明等多个方面，这些审美主体所包含的内容比传统艺术更为丰富。

数字媒体交互设计的艺术范畴包括以下领域：数字图像艺术（数字图形图像艺术创作、数字二维绘画），数字动画艺术（数字影视后期艺术创作、数字三维动画），数字音频艺术（电脑合成音乐、声波艺术、数字音乐创作等），网络数字艺术作品的创作，虚拟现实艺术，电影、舞蹈、戏剧与数字技术相结合的综合数字媒体艺术。

在高度信息化的社会里，以计算机为主要代表的数字媒体交互设计，将会对当前的艺术审美产生革命性的、颠覆性的、深远的影响。在数字媒体交互设计的审美与一般审美的关系问题上，我们首先要看到它们的差异性。一般审美是对现实美的感受，审美对象为现实的自然物和社会物，它们并不是专门为了审美而存在。而数字媒体交互设计审美对象为艺术作品，它们的存在则以审美价值为体现。不过数字媒体审美艺术和一般审美在实质上却是相同的，它们的审美归根结底都指向了人类的审美精神与情趣，都来源于现实。（图3-8）

1. 数字媒体交互设计表现着技术之美

技术的发展是数字媒体交互设计的最大特点，技术与艺术作品的融合形成了特有的技术美感。计算机软硬件技术的发展直接决定了数字媒体交互设计的发展，技术环境为审美价值提供了很大的帮助。每一次新技术的应用，都造成了交互上的全新体验。因此，与传统交互相比，数字媒体交互审美价值更多地表现为技术之美。如著名导演李安创作的热播影片《少年派的奇幻漂流》，从它惊人的票房业绩就可以看出此片高超的艺术与科技价值。（图3-9）

图 3-8（1）审美的变迁——回顾 Android 系统进化史

Android 系统版本更新与代号名称			
系统版本	具体版本	代号名称	发布日期
Android Beta	Android 0.5、0.9 Beta	Astro: 阿童木	
Android 1.X	Android 1.0、1.1	Bender: 发条机器人	2008年10月
	Android 1.5	Cupcake: 纸杯蛋糕	2009年04月
	Android 1.6	Donut: 甜甜圈	2009年09月
Android 2.X	Android 2.0、2.0.1、2.1	Eclair: 松饼	2009年10月
	Android 2.2、2.2.1	Froyo: 冻酸奶	2010年05月
	Android 2.3	Gingerbread: 姜饼	2010年12月
Android 3.X	Android 3.0.1、3.1、3.2	Honeycomb: 蜂巢	2011年02月
Android 4.X	Android 4.0	Ice Cream Sandwich: 冰激凌三明治	2011年10月
	Android 4.1、4.2、4.3	Jelly Bean: 果冻豆	2012年06月
	Android 4.4	KitKat: 奇巧巧克力	2013年10月
Android 5.X	Android 5.0	Lollipop: 棒棒糖	2014年06月

图 3-8（2）审美的变迁——回顾 Android 系统进化史

图 3-9（1）《少年派的奇幻漂流》幕后制作　　　　　　　　　　图 3-9（2）《少年派的奇幻漂流》剧照

2. 数字媒体交互设计表现着动态之美

　　数字媒体交互设计体现着视觉元素在空间中的不断变化和运动，与传统静态画面相比，它不仅包含了光影、构图、色彩等要素，而且还具有空间、时间、运动等数字媒体所特有的艺术特点。它的艺术元素并不是固定的某点，而是随着时间的变化不断地移动，时而加速运动，时而减速运动，有着丰富的变速与交互运动，这就构成了一种动态的秩序，表现着数字媒体交互设计的动态之美。（图3-10）

3. 数字媒体交互设计表现着互动之美

　　数字媒体交互的作品，在作者和观众之间、创作者与受众之间是一种共同参与、沟通互动、角色换位、共同分享的艺术模式。在网络艺术的互动性数字平台上，无论是何人，处在何地，只要进入数字网络系统中，就可以找到自己感兴趣的艺术作品并且可以补充、修改和再创造，他们可以对这些"开放式"的作品进行多次再创造，不断注入新的想法和内容，在这个互动过程中，原创者和艺术家们扮演着向导的角色，每一个参与者都体验着艺术参与的快感和作为艺术家的荣耀。

　　在数字媒体时代，传统的艺术形式得到了无比广阔的延伸，传统的艺术审美理念也被重新定义和诠释。只有力图把握住数字媒体交互设计的美学特征，才能进行深入的探索，从而对现代数字媒体进行正确和科学的定位。（图3-11）

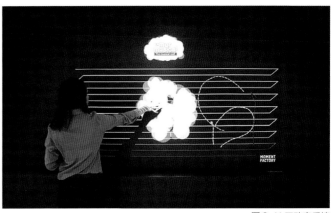

图 3-10 天气预报软件界面设计　　　　　　　　　　　　　　　图 3-11 互动音乐墙

3.3 数字媒体交互设计的传播模式

数字媒体交互设计的传播模式基本遵循信息论的通信模式，它主要由计算机和网络构成。在数字媒体传播模式中，信源和受众都是依赖计算机的。因此，信源和信宿的位置是可以随时互换的，这与传统的大众传播媒介如报纸、广播、电视等相比，都发生了深刻的变化。交互媒体传播的理想信道是具有足够带宽的，可以传输比特流的高速网络信道，网络可以由电话线、光缆或卫星通信构成。它在传播应用方面比传统的大众传播具有独特的优势。

美国传播家、传播学的创始人哈罗德·拉斯韦尔（Harold Lasswells）在1948年发表了《传播在社会中的结构与功能》一文，并提出了著名的传播构成的"五W模式"：传播主体、传播内容、传播对象、传播方式和传播效果构成一个完整的传播过程。如果比较传统媒体和数字媒体的传播模式，可以看到数字媒体和传统媒体在传播过程中的最大不同在于其交互性的特点。从传播方式看，传统媒体虽然也是在信息源与受众之间充当媒介，但受到技术条件（模拟信号的传输和衰减）的制约，媒介的交互作用是延时的，无法和受众进行即时、双向的沟通。此外它的信息采集和处理的方法与手段比较简单，因此只能像报纸、杂志的原始传播方式一样，通过单向的广播方式（电视、电台）传播，即使你把电话或短信打进演播室，但媒介预置的内容和广播模式都不会改变，因此影响受众的关注度和忠诚度。而数字媒体则不同，用户在客户端（电脑或手机）通过数字网络可以和媒体机构或其他受众实现几乎同步的互动。

美国南加利福尼亚大学视觉艺术系的俄裔教授列夫·马诺维奇（Lev Manovich）在其2001年出版的《新媒体的语音》（*The Language of New Media*）一书中提出了交互媒体实质上为"软件媒介"（Software Media）的理论。软件媒介的特征就是可计算、可编程。他认为在计算机时代，电影以及其他已经成熟的文化形式，已经明确地变成程序代码（Code），它现在可以被用来沟通所有形态的资料与经验，并且其语言被编码在软件程序、硬件设备的接口与预设状态中，这种数字媒介则是可变的、即时化的和交互的。

列夫·马诺维奇还认为数字媒介与传统媒介是有渊源的，但是数字媒介不再仅仅是媒介，"它可能看起来像媒介，但那只是媒介的表面"。数字媒介或者新媒介具备了超出媒介本身的更多的属性和功能。传统的大众传播媒体，是一对多的传播过程，从一个媒介出发到达大量的受众。而以计算机为媒介的超媒体传播方式延伸成多人的互动沟通模式，传播者与消费者之间的信息传递是双向互动的、非线性的、多途径的过程。

教学导引

本章小结：

本章围绕数字媒体交互设计进行分析概述。通过本章的学习，学生可以全面掌握数字媒体交互设计的内涵、特征及相关的理论知识；对数字媒体交互设计的传播模式有深入的认识；对不同的传播模式进行分析理解，通过不断的学习和探究，能够实时地掌握其变化趋势，从而提升专业意识，成为一名优秀的数字媒体交互设计师。

课后练习：

调查目前市场上1～2个典型的数字媒体交互设计作品，将其进行比较，并分析它们的设计特性、传播模式、可取之处与不足之处。

第四章
数字媒体交互设计
的应用领域

重点：

本章围绕着数字媒体交互设计的应用领域进行讲解，包括数字网络、虚拟现实、数字游戏、数字电视、数字电影以及数字出版六大常见应用领域。数字媒体交互设计在各应用领域的具体应用为学习重点。

通过本章的学习，学生可以明确地对数字媒体交互设计的应用领域进行划分，能够对常见的六大数字媒体交互设计领域有充分的认知和了解。

难点：

数字媒体交互设计的应用领域极其广泛，本章要求学生能够清晰地对数字媒体交互设计的各应用领域进行系统的划分，并能够将前几章所涉及的知识在本章的学习中熟练应用。

4.1 数字网络

4.1.1 网页浏览器

网页浏览器（Web Browser）是指可以显示网站服务器或文件系统的HTML文件（标准通用标记语言）内容，并让用户与这些文件进行交互的一种应用软件。它可以用来显示互联网或局域网内的文字、视频及其他媒体信息。这些文字或视频，可以是连接其他网址的超链接，用户可迅速、方便地浏览各种信息。大部分网页为HTML格式，有些网页由于使用了某个浏览器特定的语法，只有在那个浏览器上才能正确显示。

网页浏览器主要通过HTTP协议与网页服务器交互并获取网页，这些网页由URL指定，文件格式通常为HTML（图4-1），并由MIME在HTTP协议中指明。一个网页中可以包括多个文档，每个文档都是从服务器获取的。大部分浏览器本身支持许多格式，如HTML、JPEG、PNG、GIF等，并且能够扩展支持众多的插件（plug-in）。另外，许多浏览器还支持其他的URL类型及其相应的协议，如FTP、Gopher、HTTPS（HTTP协议的加密版本）。HTTP内容类型和URL协议规范允许网页设计者在网页中嵌入图像、动画、视频、声音等。

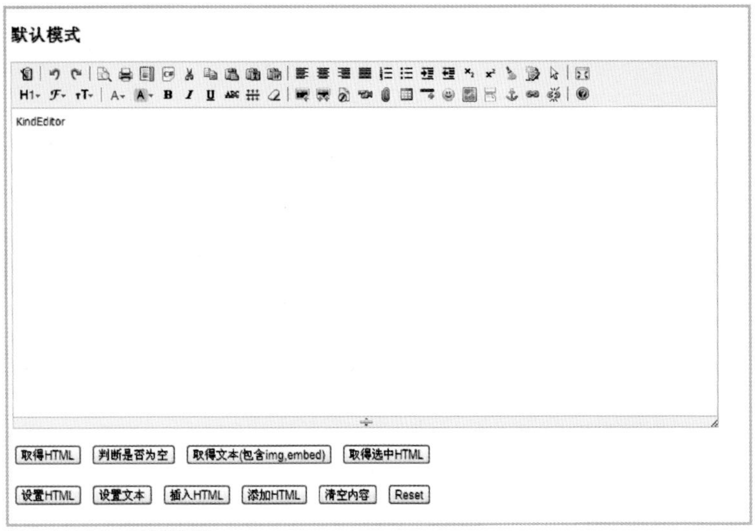

图 4-1 HTML 在线编辑器

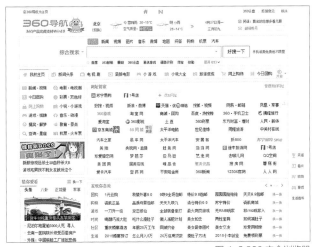

图 4-2 360 安全浏览器

图 4-3 搜狗高速浏览器

1.PC 端网页浏览器

第一个Web浏览器出自蒂姆·伯纳斯·李（Tim Berners-Lee）之手，这是他为NeXT计算机创建的，起初叫World Wide Web，后来改名为Nexus，并仕1990年发布给CERN的人员使用。20世纪90年代初出现了许多浏览器，包括Nicola Pellow编写的行模式浏览器（这个浏览器允许任何系统的用户访问Internet，从Unix到Microsoft DOS都涵盖在内），还有Samba，这是第一个面向Macintosh的浏览器。

进入21世纪，随着互联网的发展，浏览器作为互联网的入口，已经成为各大软件巨头的必争之地，市场上出现的网页浏览器越来越多，竞争十分激烈，目前用户常用的网页浏览器主要有以下十种：微软的Internet Explorer（IE浏览器）、Mozilla Firefox（火狐浏览器）、Chrome（谷歌浏览器）、Opera（欧朋浏览器）、Safari（苹果Mac OSX系统中内置的浏览器）、360安全浏览器（图4-2）、傲游浏览器、搜狗高速浏览器（图4-3）、猎豹浏览器、QQ浏览器（图4-4）等。

图 4-4 QQ 浏览器

2. 移动端网页浏览器

移动浏览器，也叫作微型浏览器、迷你浏览器或无线互联网浏览器，是用于移动设备如移动电话或PDA的网页浏览器。移动浏览器对手持设备的小型屏幕显示网页做了优化，一些移动浏览器实际上就是小型的Web浏览器。

前期微型浏览器的代表是1997年Unwired Planet（后来的Openwave）嵌入于AT&T手持设备，使得用户可以访问HDML内容的"UP Browser"。如今，随着智能手机的发展和普及，网页浏览器在移动端得到了全面发展，目前用户常用的移动端网页浏览器主要有以下六种：Opera Mini浏览器、苹果Safari浏览器、UC浏览器（图4-5）、百度手机浏览器（图4-6）、360手机浏览器（图4-7）、搜狗手机浏览器等。

图 4-5 UC 手机浏览器

图 4-6 百度手机浏览器

图 4-7 360 手机浏览器

4.1.2 互联网应用

1. 电子商务

电子商务是以信息网络技术为基础，以商品交换为目的的商务活动。电子商务通常是指在商业贸易活动中，买卖双方通过浏览器或服务器在因特网上进行交易的商业运营模式。典型的方式是消费者的网上购物、商户之间的网上交易和在线电子支付以及各种商务活动、交易活动、金融活动和相关的综合服务活动。（图4-8~图4-10）

图 4-8 淘宝网电子商城

图 4-9 京东电子商城

图 4-10 苏宁易购电子商城

2. 远程教育

现代远程教育是利用网络技术、多媒体技术等现代信息技术开展教育的新型模式，它包括学生和教师、学生与学生之间的交流，也包括学生与学习内容、教育平台之间的交流和活动。（图4-11）

图 4-11（1）远程教育系统交互界面

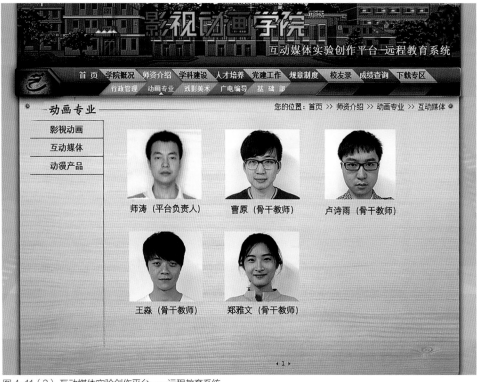

图 4-11（2）互动媒体实验创作平台——远程教育系统

3. 即时通讯

即时通讯（Instant Messaging，简称IM）是一种终端服务，允许两人或多人使用网络即时地传递文字讯息、档案，利用语音与视频进行交流。随着交互式传播技术与互联网技术的发展，即时通讯应运而生，它缩短了信息传递的时空距离，在内容、操作接口和功能等各方面也越来越丰富，从简单地使用文字聊天的软件工具，逐渐变成一个具有传输影像、简讯、语音、文件等功能的个人化平台，再加上沟通形态的转变，促进了即时通讯的普遍使用，使得人际互动变得多样化，也改变了人们的沟通方式。

从最早出现的ICQ通讯软件到MSN、QQ等，即时通讯软件的功能不断地增加。如今，人们能直接使用即时通讯软件进行语音交谈、视频聊天、文件传输等。近年来，网络人际互动的迅速发展，派生出不同的即时通讯软件，如Skype（图4-12）、kik（图4-13）、微信（图4-14）等。

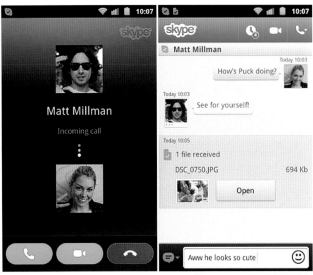

图 4-12 Skype 即时通讯软件

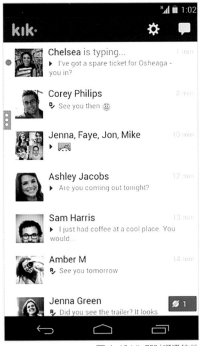

图 4-13 kik 即时通讯软件

图 4-14 微信即时通讯软件

4.2 虚拟现实

虚拟现实技术是人们通过计算机对复杂数据进行可视化操作与交互的一种全新方式，与传统的人机界面以及流行的视窗操作相比，虚拟现实在技术上有了质的飞跃。从本质上来说就是一种先进的计算机用户接口技术，通过给用户提供视觉、听觉、触觉等各种直观自然的实时感知交互手段，最大限度地方便用户的操作。

较早的虚拟现实产品是图形仿真器，在20世纪60年代其概念被提出，到80年代逐步兴起，90年代有产品问世。1992年世界上第一个虚拟现实开发工具问世，1993年众多虚拟现实应用系统出现，1996年NPS公司使用惯性传感器和全方位踏车将人的运动姿态集成到虚拟环境中。如今，虚拟现实技术已在娱乐、医疗、军事模拟、教育和培训等多个领域中得到广泛应用。

医学领域是虚拟现实最大的应用领域之一，虚拟现实目前已广泛地运用在虚拟人体（图4-15）、远程医疗（图4-16）、医学教育等领域中。在虚拟人体方面，它一方面可以辅助教学，另一方面可以在对患者实施复杂的手术前，让医生在由虚拟现实系统产生的一具虚拟人体上进行练习，借助虚拟环境中的信息进行手术计划和方案的制订等；在远程医疗方面，有了远程医疗虚拟现实系统，即使在偏远地区的病人也可以得到名医的诊治，极大地弥补了基层医护人员的技术差距。

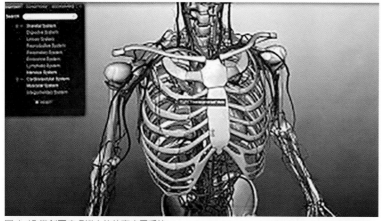

图 4-15 微创医疗虚拟人体仿真应用系统

图 4-16 远程医疗在美国逐步落地

图 4-17 虚拟军事训练系统　　　　　　　　　　　　图 4-18 美军部署首套步兵演习训练系统

在军事领域中，虚拟现实主要应用于虚拟战场环境、军事模拟训练（图4-17）、联合演习（图4-18）等。虚拟战场环境是通过三维战场环境图形图像库为使用者创造一种逼近真实的立体战场环境，以达到身临战场的效果，进行战场训练；军事模拟训练是利用虚拟战场环境，通过训练达到对真实装备进行实际操作的目的，解决在受限条件下的训练问题；联合演习使相处异地的各军兵种处于同一个虚拟战场环境中，采用虚拟装备进行适时协调一致的训练，提高军队的协同作战能力。

4.3 数字游戏

数字游戏是数字媒体交互技术的综合运用。作为一种整合型技术，它几乎涵盖了数字媒体技术与数字媒体内容设计的各个方面，主要包括硬件技术、软件与程序设计技术、服务器与网络技术、认证与安全技术、内容节目制作技术等。

数字媒体技术将各式各样的数字电子游戏带到了每一个拥有电视机、个人电脑和手机及其他数字终端设备的玩家手里，使数字电子游戏成为一种新的具有特别吸引力和参与性的大众娱乐媒体。随着数字媒体交互技术的发展，数字电子游戏在功能与模式、题材等方面已经开始相互融合，技术上的互通性也更加显著。数字电子游戏既是一种全新的媒体，又是具有巨大能量的文化传播工具，在数字娱乐中占据着极其重要的地位。（图4-19、图4-20）

图 4-19 多平台游戏移动终端　　　　　　　　图 4-20 使用不同设备和不同底层网络技术来实现多用户游戏

　　从街机游戏到PC游戏，从视频游戏到网络游戏，电子游戏产业经历了30多年的发展历史，随着软件和硬件的不断升级和更新换代，游戏模式无论是在竞技性还是观赏性上，都取得了巨大的发展。（图4-21~图4-30）

　　目前，数字游戏市场上，网络游戏和手机游戏占主流，由于智能手机的普及，各类手机游戏如雨后春笋般地涌现。随着技术的进步，模拟现实的能力越来越强，游戏的风格类型也越来越丰富。

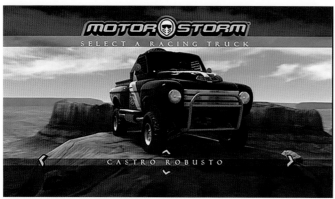

图4-21 电视类游戏《摩托风暴》

图4-22 网络游戏 M2

图4-23 任天堂 Wii 游戏

图4-24 休闲益智类游戏 Molims

图 4-25 动作类游戏《黑夜传说》

图 4-26 角色扮演类游戏《做梦少女》

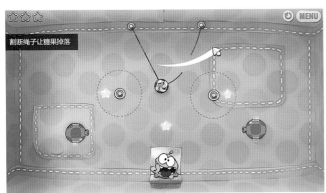

图 4-27 策略类游戏《割绳子》

图 4-28 运动类游戏《FIFA 世界足球》

图 4-29 冒险类游戏《丛林大冒险》

图 4-30 模拟经营类游戏《部落冲突》

4.4 数字电视

4.4.1 网络电视

数字电视从电视节目录制、播出、发送、接收等过程全部采用数字编码与数字传输技术。具有交互功能是数字电视最大的优点。交互式数字电视的传播途径是宽带，其利用家庭电视机等终端设备，应用网络进行多媒体通讯。

网络电视又称IPTV（Interactive Personality TV），是一种基于互联网的新兴技术，也是一种个性化、交互式服务的新媒体形态。它将电视机、个人电脑及手持设备作为显示终端，通过机顶盒或计算机接入宽带网络，实现数字电视、时移电视、互动电视等服务。网络电视的出现改变了以往被动的电视观看模式，给人类带来了一种全新的电视观看方式，实现了电视按需观看、即看即停。（图4-31~图4-33）

网络电视的接收端包括计算机、电视、手机和其他数字终端设备。计算机设备包括各种台式和可以移动的计算机；电视机需要配置机顶盒等，才可以获得网络电视服务；手机作为网络电视服务的终端显示设备必须具备处理和显示数字视频信号的功能。

图 4-31 数字电视和卫星数字接收机

图 4-32 网络 IPTV 机顶盒接收画面

图 4-33 数字电视频道

4.4.2 手机电视

手机电视（Mobile Television），又称流动电视、行动电视。狭义上指以广播方式发送，以地理位置不固定的接收设备为主要发送对象的电视技术；广义则指在手持设备上接收前面狭义所指的信号收看电视节目，或以移动网络观看实时电视节目或其他影音。手机电视具有电视媒体的直观性、广播媒体的便携性、报纸媒体的滞留性以及网络媒体的交互性。手机电视作为一种新型的数字化电视形态，为手机增加了丰富的音频和视频内容。（图4-34）

手机电视具有移动性、个人化、互动性三大特点。手机电视突破了传统电视在时间和空间上的束缚，用户观看自由，观看的内容也更加个性化，其灵活性和参与性较强，用户可以参与节目并进行及时反馈，促进了用户之间的交流，增加了更多乐趣。（图4-35）

图 4-34 手机电视

图 4-35 像玩手机一样看电视

4.5 数字电影

数字电影（Digital Cinema），又称数码电影，是指以数字技术和设备拍摄、制作、存储的，并通过卫星、光纤、磁盘、光盘等物理媒体传送，将数字信号还原成符合电影技术标准的影像与声音，放映在银幕上的影视作品。其载体不再是胶片，发行方式也不再是拷贝，而代之以数字文件形式，通过网络、卫星直接传送到电影院以及家庭中。（图4-36）

图 4-36 数字电影摄影机

　　目前，数字电影有三种实现方式：一是计算机生成；二是用高清摄像机拍摄；三是用胶片摄影机拍摄后通过数字设备转换成数字电影格式。完整的数字电影概念，是指将电影摄制、编辑和放映等全过程用数字格式统一起来，其包含了电影制作工艺、制作方式、发行及播映方式上的全面数字化。目前看来，电影数字化主要指电影制作的数字化，即计算机技术对包括前期创作、实际拍摄乃至后期制作在内完整的工艺过程的全面介入。（图4-37～图4-39）

图 4-37 用电脑进行影视后期制作

图 4-38 好莱坞大片中的那些后期影视特效

图 4-39 影视后期合成图像

4.6 数字出版

4.6.1 网络出版

网络出版，又称为互联网出版、在线出版，是指具有合法出版资格的出版机构，以互联网为载体和流通渠道，出版并销售数字出版物，供公众浏览、阅读、使用或者下载的在线传播行为。

目前，网络出版大致有五种类型。第一种是目前国外较为流行的自行出版，个人就是在线出版商。第二种就是以网络公司为主体，谋求各种出版商服务或者代理权，然后出版电子图书并进行销售，给出版商版税回报。第三种是出版商自行出版发行电子图书。第四种是比较成熟的POD模式，在美国进行绝版书和小批量书的出版发行。第五种是比较典型的微软开发的eBook软件。（图4-40）

网络出版很好地利用和发挥了互联网的优势，集交互功能、多媒体功能、跨时空传播、信息检索功能及娱乐功能于一身，使出版实现了个性化、立体化、即时性和广泛性服务，这在很大程度上拓宽了出版的范围和边界，使出版文化形态呈现出高度自由、开放的局面。（图4-41）

	移动运营商	在线阅读	苹果App Store	苹果Books	Amazon KDP
资格	SP、CP资格	作者资格	开发证书	免费会员	美国公民
技术要求	无（格式转换）	无	需要开发人员	无	无
费用	无	无	99美元年费	无	无
语言	中文	任何语言	任何语言	英文（中文无人审核）	英文（中文书也可以上，但只能显示英文书名）
销售国家	中国	中国为主	全球200多个国家	美国等几个国家（无中国）	美国等几个国家
内容方收益	20%~50%不等	70%	70%	60%	70%
目前最适合销售的内容	小说（网络小说为主）	小说、散文、随笔	工具类图书、畅销书、互动图书	教科书、课件、科普、互动	英文小说

图 4-40 作者和出版商对数字出版渠道的选择

图 4-41 网络图书销售管理系统

4.6.2 手机出版

　　手机出版是指手机出版服务提供者利用文字、图片、音频、视频等表现形态，将自己创作的或他人创作的作品经过选择和编辑加工制作成数字化出版物，通过无线网络、有线互联网络或内嵌在手机载体上，供用户利用手机或类似的移动终端阅读、使用或者下载的传播行为。只要是经过手机进行传输，供手机用户阅读的，就可定义为手机出版。随着手机上网的日益普及，手机正在逐渐成为互联网的重要终端设备，手机出版是网络出版的延伸与组成。

　　手机出版具有便捷、全球化、互动性、跨文化传播等网络传播的优点。它打破了传统出版单向传播的模式，使信息、广告更加准确有效地传递给用户，是一种开放的互动式传播，具有很强的交互性；手机出版可以借助文字、图片、声音、影像等任何一种或几种的组合方式来进行，具有多媒体性；无线通信技术与互联网技术结合催生的手机出版，使得阅读不再受到物理空间的限制，应用手机的搜索功能，也提高了阅读效率，节约了搜索成本，满足个性化的需求；受众信息精确，将受众细分成群体内部特征相同、群体之间特征不同的各个用户群，从而为精确传播定向信息提供了条件。（图4-42）

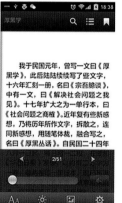

图4-42 简洁的智能手机阅读软件

教学导引

本章小结：

　　本章针对数字媒体交互设计的应用领域进行了分节概述，分别讲解了数字网络、虚拟现实、数字游戏、数字电视、数字电影以及数字出版六大常见应用领域。通过本章的学习，学生对数字媒体交互设计相关应用领域的发展概况和现状能有一定的认识，可为今后的创作打下坚实的基础。

课后练习：

　　1.要求学生从数字网络、虚拟现实、数字游戏、数字电视、数字电影以及数字出版六大应用领域中任选其一，搜集相关的设计产品，并对其发展脉络进行深入探究。

　　2.结合如今信息化、数字化时代的发展现状，拓展思维，对未来数字应用的发展提出自己的意见和看法。（学生可按照摩尔定律计算出20年后的电脑运算能力，使用计算结果作为当时计算机运行的速度）

第五章
数字媒体交互设计
的方法和流程

数字媒体交互设计的方法
数字媒体交互设计的流程
界面式数字媒体交互设计

重点：

本章对数字媒体交互设计的制作流程进行了系统化梳理，具体讲解了制作的方法及实施步骤，以及相关的工作特点。对界面式数字媒体交互设计的重要性、设计原则进行深入讲解。

通过本章的学习，学生能够清晰了解数字媒体交互设计的设计流程以及数字界面设计的原则，从基本理论学习过渡到实际的操作。

难点：

对数字媒体交互设计的方法的掌握和流程的梳理是本章的学习难点，本章并未在实际操作上有过多的操作性引导，更多的内容为系统的实施步骤的讲解，要求学生在学习或创作的过程中，能够形成系统化的思维模式。

5.1 数字媒体交互设计的方法

在众多数字媒体交互设计的方法中，丹·萨佛（Dan Saffer）提出的4种交互设计方法较为科学并便于理解，以下针对丹·萨佛的四种设计方法做较深入的探讨。

丹·萨佛是Adaptive Path的高级交互设计师，他在电子商务、应用软件、硬件等领域表现出色，曾与Lucent Technologies，Warner Bros，MAYA Viz等多家公司合作。

下面是丹·萨佛提出的4种著名交互设计方法。（图5-1）

方法	概要	用户	设计师
以用户为中心的设计（UCD）	侧重于用户的需求和目标	指导设计	探求用户的需求和目标
以活动为中心的设计（ACD）	侧重于任务和行动	完成行动	为行动创造工具
系统设计	侧重于系统的各个部分	设立系统的目的	确保系统的各个部分准备就绪
天才设计	依靠技能和智慧	检验灵感	灵感的源泉

图 5-1 交互设计方法

5.1.1 以用户为中心

以用户为中心的设计（User-Centered Design，简称UCD），是一种吸引人的、高效的用户体验方法。以用户为中心的设计思想非常简单，就是指设计师在开发产品的每一个步骤中，都要把用户列入考虑范围。在UCD中，设计师需要关注用户的需求、目标和偏好，并为其设计。设计师定义完成目标的任务和方法，并且始终牢记用户的需求和偏好，这些用户数据必须贯穿整个项目，并且在整个项目的各个阶段都会引入用户，用户研究、焦点小组、参与式设计、可用性测试分布在设计的各个环节。

图 5-2 用户体验要素

　　设计的最终目的是应用，应用的落脚点为客户，设计师应聚焦于用户需求。设计师通过不同的途径实现设计目的，以用户为中心的设计理念主要研究用户如何展开工作，工作的流程与客户使用习惯等。使用习惯是客户需求当中最重要的环节，使用习惯的获取并非设计师自我臆断，而是通过数据分析以及查阅相关的论文专著等得到的客观资料。心理学在此部分起着重要的作用。以用户为中心的核心思想要求设计不能强迫用户改变他们的使用习惯来适应软件开发者的想法。在设计的过程中，通过不断优化交互界面，最终达到双向满意的结果。（图5-2）

　　以用户为中心应注意的问题是，这类方法并不是万能的。如果所有的设计都依赖用户的需求和建议，有时会导致产品和服务范围受到限制；设计师也有可能将自己的喜好强加给用户，而这种错误建立在用户需求上之后，设计出来的产品有可能会被成千上万的用户使用，此时，UCD就变得不那么实际。以用户为中心的设计方法很有价值，但它也只是有效的交互设计方法之一。

5.1.2 以活动为中心

　　以活动为中心的设计（Activity-Centered Design，简称ACD），与UCD不同，ACD不关注用户的需求和偏好，而是把用户要做的"行为"或"活动"作为重点关注对象。以活动为中心的设计，能够让设计师集中精力处理事情本身而不是期望更遥远的目标。因此，它更适用于复杂的设计项目。所以，ACD的目的是帮助用户完成任务，而不是达到目标本身。

　　相对UCD而言，ACD更重视客观与数据，更容易找到论点论据与操作方法，ACD也是以研究为基础。设计师通过调研和访谈以及对行为的分析，最终得出用户的使用习惯。设计师把用户的行为、任务和一些未达到的任务编成目录，然后再设计解决方案，以帮助用户完成任务，而不是达到自己的私人意图。（图5-3）

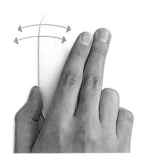

图 5-3 以活动为中心的设计

以活动为中心的设计应注意的问题是，设计师在完成固定的任务来寻求解决问题时，每个问题会被研究得非常深入，目标的准确性与研究展开的层次性在此时起到决定性作用。目标的准确性不够会出现只注重目标的内容而忘记目标的类型。就如同设计一个花瓶，设计师设计了一个又一个花瓶，却没有一个花瓶是悬挂式的，或许悬挂式的才是最符合要求的。研究的层次性对目标的准确性起着至关重要的作用，同样是设计花瓶，把花瓶设计分为这样几个阶段：花瓶形式与人为交互研究、花瓶材质研究、花瓶造型研究、花瓶人性化细节研究，就能够很好地避免此类问题的发生。

5.1.3 系统设计

系统设计（Systems Design）是解决设计问题的一种非常理论化的方式，它利用组件的某种既定安排来创建设计方案。系统设计的理念比较贴近产品的现实模型，即产品真正运行的方式。所以，系统设计的方法更适合于设计隐性产品或者后台运行的产品，因为它们不需要太多地与用户交流互动，最重要的是保持稳定和迅速。

系统设计是一个有组织的、严格的设计方法，非常适合处理复杂问题，并提供全面的设计方法。系统设计并没有忽视用户的需求，设计师用系统设计来关注用户背景，而不是单独的客体和装置。系统设计是对产品或服务的大背景做严格的研究。

系统设计中的系统不一定是计算机，也可以是人、设备、机器或者物件，所有这些都可以运用系统设计的分析方法进行研究，同时还可以了解它们之间的交互过程。例如一辆汽车，从形式上看是一辆汽车，里面包含着发动机、曲轴箱、变速器、差速齿轮、电子设备、操作器等多个部件，做好每一个细节并不代表就可以造出一辆驾乘感很好的汽车。整体的系统性才决定了汽车最终的驾乘感，而驾乘感就是隐性与后台共同作用的结果。（图5-4）

系统设计的优势在于设计师能全面地看待一个项目。没有任何产品和服务是独立存在的，系统设计迫使设计师考虑产品和服务所依赖的大环境。关注用户和各个成分之间的相互作用，设计师会更清楚地认识围绕产品和服务的大环境。同样，系统设计对团队的协作能力是一个极大的挑战，在西方以逻辑思维为导向的思维模式下系统化协作变得更为容易，而在中国人本主义思想下系统化协作则会出现各种问题。

图5-4 一辆汽车的构成零件

5.1.4 天才设计

天才设计几乎完全依赖设计师的智慧和经验来进行设计决策。大部分经验丰富的设计师已经经历过各种类型的问题，并能够从以前的项目中总结出解决办法，用自己最好的判断能力来分析用户的需求，并基于此来设计产品。如果需要用户参与，一般是在设计过程的后期，用户来检测设计师的工作，确保设计达到预期效果。天才设计适用于那些因为保密原因而不能做大规模用户研究的项目以及没有足够资金和时间做用户研究的项目，设计师只能靠自己想办法解决。所以，天才设计的成败很大程度上取决于设计师的经验和能力。

对于一个经验丰富的设计师而言，天才设计有很多长处。这是一个快速和个人的工作方式，最后的设计也许比其他方法都更能显示设计师的才能。这也是最灵活的设计方法，设计师认为怎么合适就怎么去做。由于遵循自己的想法，设计师可能想得更广，创新更加自由。

苹果手机的诞生就是天才设计所取得的巨大成就，乔布斯回归苹果公司之后，推出风靡至今的iPod和iPhone，成为最顶尖的科技数码产品。苹果的成功很大程度上取决于它的设计理念，在团队合作开发产品的过程中，他们并没有把过多的时间花在用户研究，虽然他们也谈论"用户至上"，但更多的时间用于动手设计，开发出一个又一个前卫的功能，例如Touch ID（识别指纹并开锁、开启应用程序）、Focus Pixels（连续自动对焦技术）、双击Home键可以自动下滑屏幕以方便单手操作。（图5-5、图5-6）

图 5-5 连续自动对焦技术

图 5-6 指纹识别传感器

5.2 数字媒体交互设计的流程

5.2.1 用户研究

用户研究是用户中心设计流程中的第一步。它是一种理解用户，将用户的目标、需求与产品的商业宗旨相匹配的理想方法，用于发掘用户的潜在需求，以协助产品服务的创新和对市场的开拓。

1. 用户研究的方法

用户研究的方法主要分为五大类。

（1）前期用户调查

运用访谈法、问卷调查法等方法，了解用户群特征以及设计客体特征的背景知识。

（2）情景实验

运用观察法、现场研究、验后回馈等方法，对用户任务模型和心理模型、用户角色设定进行内容研究，进行用户群细分和定向研究。

（3）问卷调查

运用多种问卷方式，如纸质问卷或网页问卷，开放型问卷或封闭型问卷等方法，获得量化数据，支持定性和定量数据分析。

（4）数据分析

运用常见的分析方法，如单因素方差分析、描述性分析、聚类分析等数据统计分类方法，创建用户模型依据，即提出设计建议和解决方法的依据。

（5）建立用户模型

建立任务模型、思维模型，分析结果整合，知道可用性测试和界面方案设计，为用户提供产品定位以及产品设计的依据。

2. 用户研究的实施

（1）建立用户档案

①定义目标用户群

针对每个用户群，归纳其各自的特征、使用环境、预期目标等。一个设计的用户群内容，以及用户群中的细分群体，属于商业决策，在制订设计决策阶段，要对用户群大致的范围进行细致的划分和定义。基于差异性，对不同特点的子用户提供差异化的设计。例如，一个手机软件应用所定义的目标用户群是运动爱好者，那么，可以对不同年龄阶段的用户进行划分，如学生、上班族、退休人员等，通过细分群体的不同特点来制订差异化的设计。

②归纳用户特征

对于不同的产品设计，需要对用户特征进行归纳，包括年龄、性别、受教育程度、使用经验等方面。不同的用户特征归纳也取决于与设计的相关性，它们会影响具体的设计决策。

③归纳使用环境

用户使用环境包括使用场所、硬件、软件设备。归纳使用环境是为了使产品设计更具有针对性。

④归纳用户预期目标

归纳用户预期目标是后续具体任务分析的基础，指对各个用户群所需要完成或达到的预期目标进行整理并统计其重要性和使用频率。

⑤塑造人物角色

通过以上四个步骤之后，设计师要使这些信息得到更好的融合，并将其运用到设计中，就可以塑造虚拟人物角色（用户形象），更好地帮助设计师从概念上把握大量的需求。

（2）场景模型

场景模型的建立是为了对前期设计进行完善，指描述用户使用产品的具体体验过程，用最直观的形式表示用户与系统之间的交互动作和行为，以及与这些行为相关的使用环境等。将用户、产品和使用行为置于特定的场合之中，有利于表现用户的目标、行为和动机，也有助于设计师发现用户使用产品或接受产品服务过程中的问题。

（3）用例描述

用例（Use Case）是指一种描述工作流程形式化、结构化的方法。设计师在使用此类方法时，不需要考虑系统内部结构和行为，而专注分析用户使用系统的特点。图例可以使用软件进行绘制，内容由行为者（用户）、用例、系统边界、连接线等组成。行为者可以是一个或多个，行为者使用系统的每个目标就是一个用例。

（4）搭建信息构架

信息构架是指对界面信息进行有效的分组与命名。通过按主题、任务、用户类型的分析方法搭建信息构架，搭建出更符合用户心理模型的信息构架，从而帮助用户更有效地寻找相应的内容，达到用户的预期目的。

5.2.2 需求建立

需求建立是指通过用户观察、用户访谈和问卷调查等用户研究形式，在收集到用户需求原始信息的基础上，采用易于交流和理解的规范形式，将用户需求在设计阶段转换为产品概念。

1. 需求建立的方法

了解目标用户对数字交互产品的需求，通过综合考虑用户调研、商业机会、技术可行性后，交互设计师为设计的目标创建概念（目标可能是新的软件、产品、服务或者系统）。整个过程可能来回迭代进行多次，每个过程可能包含头脑风暴、交谈、细化概念模型等活动。

（1）确定关键利益相关者

首先要确立受到项目影响的关键者，了解谁将对项目的展开范围拥有最终的发言权；其次确定谁将运用这个产品和服务，为了满足他们的需求，必须要考虑到他们的意见。常见的利益者有运营市场、商业获利者、产品用户。

（2）抓紧利益相关者的需求

征求利益相关者的意见，对他们进行提问，从中获取信息，并运用多种方法来抓住这些需求。比如通过单独面谈、共同采访、运用"用例"、创建一个系统或产品原型等方式，了解他们的看法，收集尽可能多的需求。

（3）解释并记录需求

将收集到的需求进行整理和归纳，并确定哪一个需求是下一步可以实现的，产品要怎样来实现。首先，将需求进行精细的定义，按优先顺序排序之后，进行影响分析，理解项目对现有流程、服务及用户的影响，并解决矛盾需求事项。其次进行新的需求的可行性分析，确认新的需求如何才能可靠并便于使用，帮助研究主要问题。最后，用书面形式将研究结果和商业需要做一份详细报告，对产品进行详细的规划。

2. 需求建立的实施

（1）制订计划目标

①商业目标

商业目标指设计能实现的如成本开发、销售、竞争等方向的具体指标。

②用户目标

用户目标指设计所针对的用户群，以及设计能为用户群解决的问题或实现的目标。

③成功标准

成功标准指设计产品是否成功的基本指标，任何产品的开发必须要进行有效的数据研究。

（2）制订设计原则

①通用的设计原则

简单、可见性、一致性、引导性、容错率、使用效率、反馈，这些设计原则在设计中从过去一直沿用至今，通过这些设计原则可以指导并完善整个设计流程。

②制订项目相关设计原则

对于不同的项目设计目标，相应的设计原则可能不同，因此制订相应的设计原则是很有必要的。例如，设计的目标是提高网站销售效率，那么设计原则就可能是减少购买时的点击步骤，并加入实时安全的校验方式；如应用软件音乐播放器想要吸引用户下载并使用，在推广的基础上，那么设计原则就可能是增加新颖的模块设计或用户互动体验，如分享歌曲即可免费下载高品质的歌曲等。

5.2.3 构建原型与界面呈现

1. 构建原型

原型的构建是贯穿整个设计流程与设计评估以及设计决策的，原型是探索与表达交互设计的重要媒介与手段。基于用户调研得到的用户行为模式，设计师通过创建人物角色（虚拟用户形象）、场景（产品使用环境）或者情节串联图板（叙事性的图像表达）来描绘设计中产品将来可能的形态。

原型的构建主要包括三部分：

（1）需求内容的呈现

需求内容最基础的是以文字和多媒体为载体，通过文字和多媒体把需求内容呈现给用户，设计师需要将信息分主次地传达，这是设计最基本的目的。

（2）导航和链接

除了内容的呈现以外，原型构建还存在着大量的导航和链接，也就是信息架构。信息架构的目标就是以最短时间、最方便的形式让用户能够快速找到想要的内容。

（3）数据的交换

数据的交换就是指产品与用户间的互动，设计师通过数据的交换给出合适的、及时的操作反馈和容错性原则，广泛地接受修改建议，有选择地对原型不断地改进。

2. 界面呈现

用户模型确立之后，设计师采用线框图来描述设计对象的功能和行为。在线框图中，采用分页或者分屏的方式来描述系统的细节。界面流程图主要用于描述系统的操作流程。

图形用户界面的所有元素与其内在的组织关系是网状结构，一般采用两类方式实现：一种是通过撰写代码，在计算机内部运行并呈现于显示器上；另一种是采用便签、纸板等，制作界面的原型通过人工转换与移动的方式模拟图形用户界面的运行。纸质界面的模拟方法已被证明是最有效的设计与改进图形用户界面的途径，其优势是构建快速、成本较低，故被广泛采用至今。

5.2.4 测试与评估

在产品开发过程中，测试和评估是必不可少的一个环节。通过原型测试获取评估信息，验证产品概念、功能概念、交互概念三个层次的问题。原型测试和评估必须在用户的实际工作任务和操作环境中进行。它不仅仅是简单的用户调查和统计分析，最重要的是用户在实际操作以后，根据其完成任务的结果，对其进行客观的分析和评估。

测试与评估的方法大致可以分为以下四类。

1. 用户模型法

用数学模型模拟人机交互的形式叫作用户模型法，它把人机交互的过程看作是解决问题的过程。用户模型法可以用来预测用户完成操作任务的时间，这类方法适用于某些项目在开发后因隐私原因或时间限制，无法进行用户测试的情形。在人机交互领域中，最著名的预测模型是GOMS（Goals，Operators，Methods，Selections）模型。

2. 用户调查法

用户调查法分为两种，一种是问卷调查法，也称为书面调查法或填表法，指用书面形式间接搜集研究材料的一种调查手段；另一种是访谈法，又称晤谈法，是指通过访员和受访人面对面地交谈来了解受访人的心理和行为的心理学基本研究方法。这两种方法是社会科学研究、市场研究和人机交互学中沿用已久的手段，适用于快速评估、可用性测试和实地研究，以了解产品本身、用户行为、用户看法和心理感受。

3. 专家评审法

专家评审法分为启发式评估和走查法。启发式评估是一种用来评定软件可用性的方法，使用一套相对简单、通用、有启发性的可用性规则进行可用性评估。具体方法是，专家使用一组称为"启发式原则"的可用性规则作为指导，评定用户界面元素（如对话框，菜单，在线帮助等）是否符合这些原则。走查法包括认知走查和协作走查，走查法是由经验丰富的业务专家来完成，也可召集测试用户来完成，它是从用户学习使用系统的角度来评估系统的可用性。这种方法主要用来发现新用户使用系统时可能遇到的问题，尤其适用于没有任何用户培训的系统。

4. 用户测试法

用户测试法就是通过给用户制订任务，在用户执行任务的过程中，发现产品设计的不足，并为产品优化提供依据的一种方法。根据测试产品的不同特点，可以采用多种用户测试形式。用户测试可以用于产品设计阶段，测试产品原型、产品发布前具有可优化的可用性问题，以及产品发布后，为下一个版本的优化提供依据。

用户研究、需求建立、构建原型与界面、测试与评估这四个流程以用户分析为基础，围绕用户目标展开，主要采用产品原型来表达设计概念，再根据一定的原则进行测试与评估，提供了系统、规范、有效的方法和形式，适用于数字媒体交互设计中的不同阶段。

5.3 界面式数字媒体交互设计

5.3.1 界面的重要性与设计原则

数字媒体交互界面也称作UI（User Interface），是人机交互重要的部分，也是软件产品使用的第一印象，是设计的重要组成部分。界面设计现在越来越被软件产品设计所重视，所谓的用户体验大部分就是指软件产品界面的设计。而数字媒体的交互性在界面设计中的应用大大地提升了用户体验，使其兼具美观性和实用性。

在数字媒体交互的界面设计中，对于不同的信息表述方式，设计师在表达信息时要做到简洁清晰、自然易懂。界面给用户传达有效信息的方法主要有以下五点。

1. 界面布局

界面的信息布局，往往直接影响到用户在产品上获取信息的效率。一般界面的布局因功能性不同、考虑的侧重点不同，采用分区设计，让用户通过视觉流程对界面信息进行浏览，获取想要得到的信息。

在界面布局中，应注意以下五个要点：界面的布局尽可能做到有秩序、排列整齐、有明显的功能分区；界面布局要充分表现其功能性，对每个区域所代表的功能应有所区别；界面中最重要的信息模块面积设计相比其他模块应大一些，并放置在屏幕中最核心的位置；布局中的信息模块应有明显的标志和简单的介绍；信息的位置保持一致性，让用户方便理解新页面信息分布。（图5-7）

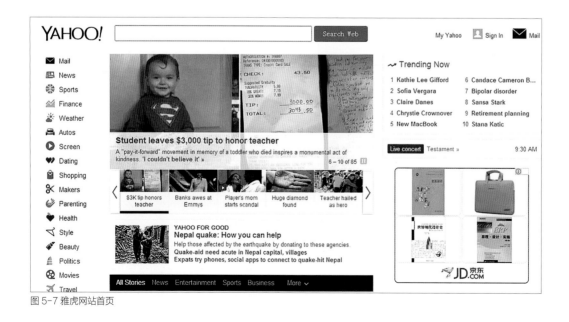

图 5-7 雅虎网站首页

图 5-8 果壳网网站首页

2. 界面色彩

有效地使用色彩对界面信息的级别进行区分和分类，可以使用户与信息和操作产生关联，有效地减少用户的记忆负担。

在界面色彩的设计上，应注意以下几个要点：根据不同的产品使用环境，选择合适的颜色，如美食产品软件多使用暖色调，以清新淡雅为宜，给用户舒适的心理感受；考虑颜色对用户的心理和文化的影响，如红色代表危险，绿色代表健康；避免界面中同时出现三种以上的颜色；颜色的对比明显，如在浅色的界面背景上使用深色的按钮，使其突出；使用颜色指导用户关注到最重要的信息。（图5-8）

3. 图标

图形化以及符号化的图标，相对于单纯文本而言，更加符合用户的认知习惯。适当地使用图像化和符号化的图标，会让用户很自然地建立其认知习惯。

在图标的设计上，应注意以下几个要点：有高度的概括性和指向性，表意清晰、明确，让用户能够快速地联想到对应的功能和操作；同类的信息，在形式和色彩风格上尽量保持一致性；避免过多设计，仅在突出重要信息、用户可能产生理解偏差的情况下设计；尽量与交互文本相结合设计。（图5-9）

图 5-9 iPad 操作界面上的图标

4. 文本

文本是指产品界面设计交互中需要用户理解并反馈的文字。文本直接影响用户在交互过程中对产品的理解，优秀的交互文本设计，可以快速地提升阅览速度，提高用户完成预期目标的效率。

在文本的设计和使用上，应注意以下五个要点：字体使用默认或标准字体时，避免使用艺术字体，大小以适合用户的视觉分辨为主；简洁清楚的表达，文字较多要适当断句，避免左右滚屏、换行；对于同类的交互文本，操作行应保持统一性；表述的文本信息尽量做到口语化，少用专业术语；表述文本的语气温和、礼貌，避免使用否定句、被动语态等。（图5-10、图5-11）

图 5-10 360 安全浏览器窗口关闭提示界面

图 5-11 360 安全浏览器书签覆盖提示界面

5. 声音

在产品交互设计中，声音一般应用于提醒、帮助等信息的表述。运用声音的提示方法，可以让用户通过听觉来获取反馈，帮助用户更直接有效地完成预期目标。

在声音的设计和使用上，应注意以下三个要点：使用符合用户认知习惯的声音（敲门声、门铃声、咳嗽声），使用不让用户反感的声音（恐怖、焦急、烦躁）；在用户可预知的情况下发出声音；表述清晰、亲切，不生硬，有礼貌。

5.3.2 著名的用户界面设计准则

下面是已经发表过的一些用户界面设计准则。

1.Norman（1983）

（1）从研究中得到的推论

模式错误意味着需要更好的反馈；

描述错误说明需要更好的系统配置；

缺乏一致性会导致错误；

获取错误意味着需要避免相互重叠的命令队列；

激活的问题说明了提醒的重要性；

人会犯错，所以要让系统对错误不敏感。

（2）教训

反馈：用户应该能够清楚地了解系统的状态。最好是以清晰明确的形式展现系统状态，从而避免在对模式的判断上犯错。

响应序列的相似度：不同类型的操作应有不同类型的指令序列（或者菜单操作模式），从而避免用户在响应的获取和描述上犯错。

操作应该是可逆的：应尽可能可逆。对有重要后果且不可逆的操作，应提高难度以防止误操作。

系统的一致性：系统在其结构和指令设计上应保持一致的风格，从而尽量减少用户因记错或者记不起如何操作引发的问题。

2.Shneiderman（1987）；Shneiderman & Plaisant（2009）

力争一致性；

提供全面的可用性；

提供信息充足的反馈；

设计任务流程以完成任务；

预防错误；

允许容易的操作反转；

让用户觉得他们在掌控；

尽可能减轻短期记忆的负担。

3.Nielsen & Molich（1990）

一致性和标准；

系统状态的可见性；

系统与真实世界的匹配；

用户的控制与自由；

错误预防；

识别而不是回忆；

使用应灵活高效；

具有美感的和极简主义的设计；

帮助用户识别、诊断错误，并从错误中恢复；

提供在线文档和帮助。

4.Stone et al.（2005）

可见性：朝向目标的第一步应该清晰；

自解释：控件本身能够提示使用方法；

反馈：对已经发生了的或者正在发生的情况提供清晰的说明；

简单化：尽可能简单并能专注具体任务；

结构：内容组织应有条理；

一致性：相似从而可预期；

容错性：避免错误，能够从错误中恢复；

可访问性：即使有故障，访问设备或者环境条件存在制约，也要使所有目标用户都能够使用。

5.Johnson（2007）

（1）专注于用户和他们的任务，而不是技术

了解用户；

了解所执行的任务；

考虑软件运行环境。

（2）先考虑功能，再考虑展示

开发一个概念模型。

（3）与用户看任务的角度一致

要争取尽可能自然；

使用用户所用的词汇，而不是自己创造的；

封装，不暴露程序的内部运作；

找到功能与复杂度的平衡点。

（4）为常见的情况而设计

保证常见的结果容易实现；

两类"常见"："很多人"与"很经常"；

为核心情况而设计，不要纠结于"边缘"情况。

（5）不要把用户的任务复杂化

不给用户额外的问题；

清除那些用户经过琢磨推导才会用到的东西。

（6）方便学习

"从外向内"而不是"从内向外"思考；

一致，一致，还是一致；

提供一个低风险的学习环境。

（7）传递信息，而不是数据

仔细设计显示，争取专业的帮助；

屏幕是用户的；

保持显示的惯性。

（8）为响应度而设计

即刻确认用户的操作；

让用户知道软件是否在忙；

在等待时允许用户做别的事情；

动画要做到平滑和清晰；

让用户能够终止长时间的操作；

让用户能够预计操作所需的时间；

尽可能让用户来掌控自己的工作节奏。

（9）让用户试用后再修改

测试结果会让设计者（甚至是经验丰富的设计者）感到惊讶；

安排时间纠正测试发现的问题；

测试有两个目的：信息目的和社会目的；

每一个阶段和每一个目标都要有测试。

教学导引

本章小结：

　　本章针对数字媒体交互设计的方法、流程以及界面式数字媒体交互设计的原则进行了分析论述，并引用了著名的交互设计方法作为参考。通过本章的学习，学生可以对相关的理论知识有深入的认识，并能够有意识、有针对性地进行练习；对设计流程的步骤有基本的掌握，并能够通过不断的实际演练，达到熟练运用方法进行设计的目的；对界面式数字媒体交互设计的原则和标准有一定的认知，制作出符合规范的数字媒体交互设计作品。

课后练习：

　　设计一个电动工具类商家的智能手机客户端，方便用户在移动的情境下使用手机进行购物，按照UCD的原则和方法，尝试建立用户的角色模型。

第六章
格式塔心理学

6.1 格式塔心理学原理

6.1.1 格式塔心理学视觉研究

格式塔心理学(Gestalt Psychology),又称完形心理学,是西方现代心理学的主要学派之一。格式塔心理学诞生于20世纪早期,由三位德国心理学家在研究似动现象的基础上创立。他们主张研究直接经验(即意识)和行为,强调经验和行为的整体性,认为整体不等于并且大于部分之和,主张以整体的动力结构观来研究心理现象。

格式塔理论明确地提出:眼与脑的协同作用是一个不断组织、简化、统一的过程,正是通过这一过程,才产生出易于理解、协调的整体。我们的视觉系统自动对视觉输入构建结构,并且在神经系统层面上感知形状、图形和物体,而不是只看到互不相连的边、线和区域。"形状"和"图形"在德语中是"Gestalt",因此这些理论也被称为视觉感知的格式塔(Gestalt)原理。

1. 什么是形状

形状,是被眼睛看到的物体的基本特征之一,它涉及的是除了物体之空间的位置和方向等性质之外的外表形象。换言之,形状不涉及物体处于什么地方,也不涉及对象是侧立还是倒立,而主要涉及物体的边界线。我们看到,立体物的边界是由二维的面围绕而成的,而二维的面又是由一度的边线围绕而成。对于物体的这些外部边界,感官可以毫不费劲地把握到。然而对于诸如房间、洞穴、口腔这样的事物来说,眼睛对它们的把握就比较困难了,因为它们的形状都是由内部边界所组成的。对于另外一些物体,如杯子、帽子、手套等,由于其形状是在内部边界线和外部边界线的相互结合或相互对立中形成的,对它们的把握就容易一些。

此外,一个物体的形状,从来就不是单独由这个物体投射在眼睛上的形象决定的。一个球体的背面是眼睛看不见的,然而在实际知觉中,这个隐藏在背部的半球面,理应与看得见的前半部半球面同属于一个整体,往往也能变成眼前知觉对象的一个有机组成部分。在实际生活中,我们看到的往往不是半个球,而是一个完整的球。在观看的时候,人所具备的关于眼前对象的知识，总是紧密地与"观看活动"契合在一起，以至于当我们看一个人的面部时，连他背后的头发也成了我们所接受的整个图像的一部分。同理，一个物体的内部形状也是经常能被视知觉把握到的。例如，观看者可以把一只表看成是一种内部装有复杂的时钟机械的物体，还可以把穿在人身上的衣服看成是身体的包装物，把身体看作是内含血管、器官、肌肉和腔洞的物体。

这种以各种各样的概念与眼前物体的可见部分相结合而造成物体完形的能力，同样也可以在艺术实践中反映出来。例如，文艺复兴时期所创立的西方绘画风格，其再现事物的形状，就总的选取从一个固定点所看到的局部；而埃及人、美洲土著以及西方现代的立体派画家们，则完全不顾及这种限制（即从一个固定点只能看到事物的局部）。儿童们在画一个孕妇的时候，往往把她肚子里的胎儿也画出来。丛林中的土著在画袋鼠时，连它肚子里的器官和肠子也都会画出。雕塑家亨利·莫尔塑造人物头像时，总是把它塑造得像一个内空的钢盔，因为他总是把人头的内部形状看得像头的外部形状一样重要。在现代艺术中，诸如此类的现象就更多了。

根据以上的讨论，我们完全可以得出这样的结论：在视知觉中，人们把握物体的形状并不一定与该物体的实际边界线等同。例如，当一个人被问及一个盘旋式楼梯是个什么样子时，他只是用手指比画出一个上升的螺旋的形状。这就是说，他没有把楼梯的轮廓线描绘出来，而只是描绘出能代表这个楼梯之主要特征的主轴线，这个轴线在实际对象中并不存在。

图6-1描绘了一张脸的式样，虽然没有画上脸上的外部轮廓线，但看上去却仍然是一张脸的形状。正因为如此，我们才说，一件物体的真实形状是由它的基本空间特征所构成的。

2. "以往经验"的作用

形状不仅是由当时刺激眼睛的东西决定的，眼前的经验从来都不是凭空出现的，它是从一个人毕生所获取的无数经验中发展出来的最新经验。因此，新的经验图式，总是与过去曾感知到的各种形状的记忆痕迹相联系。这样一些记忆痕迹，总是在互相类似的基础上互相干扰。这一新的经验图式同样也不能逃脱这种干扰。那些具有清晰形状的经验图式，往往能够强大到足以抵抗记忆痕迹的干扰。但有时候，由于这些图式中也包含着一些模糊的特征，所以在适当的影响下也会发生改变。

在一个多数心理学专业的学生所熟悉的实验中，证实了这样一个事实：对那些模糊形状的知觉和复制，确实会受到语言提示的影响。例如，在图6-2中，如果先将a图在屏幕上做短时间显示，然后告诉被试者这是一个计时的沙漏，被试者所复制出来的图形便是b图所示的样子。

图6-1

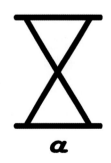

图6-2

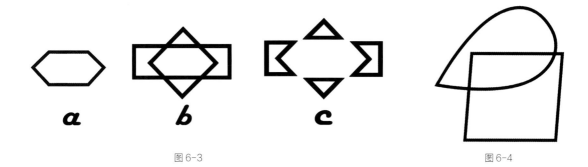

图 6-3   图 6-4

如果被试者被告知，这是一张桌子，他们复制出的图形就是c图所示的样子。这一实验结果，曾经使得某些人得出这样一个结论：人们看到的形状，很大程度上取决于他们过去的经验。实际上，这些实验说明的仅是这样一个事实：我们得到的最新形象，是储藏于我们记忆仓库里大量形象中的一个不可分割的部分。这种与过去的联系可以产生明显的影响，也可以不产生明显的影响，究竟如何，主要取决于被动员起来的记忆痕迹是否强大到可以利用眼前图形模糊性的程度，换言之，主要取决于刺激物的结构所拥有的力量与它唤起的有关记忆痕迹的力量，相互较量的结果。

另外一个实验还证明：即使将某种图形在被试者面前显示了几百次，以便使这个形象的记忆痕迹变得十分牢固，而当这个熟悉的图形出现在与原来不同的场合时，它原来的形象也会消失。例如，当被试者对图6-3的a图变得十分熟悉之后，再让他观看b图，他就会自动地把b图看作是一个正方形和一个长方形的结合体，而不会认为是由a图与c图组成的。

同理，当让被试者观看图6-4时，他根本不会自动地从中看到自己十分熟悉的数字"4"。

这样一些关于伪装现象的事例证明：当一个刺激试样的内在结构与一个先前熟悉的图式的结构发生尖锐矛盾时，即使先前认识的这个图形在记忆中痕迹很深，也不能对眼前的认知产生影响。

然而，当一种强烈的个人需要促使一个观看者极其希望看到那种具有某种知觉性质的物体时，记忆痕迹就会对知觉产生强烈的影响。冈姆布雷奇曾经说过："一个对象与我们的生存需要联系得愈紧密，我们就愈易于对它认知——这样，我们所持的形式上的对应标准也就越不严格"。人的"需要"对知觉产生强烈影响的事实，还被心理学家们用于"鲁奥沙赫墨迹试验"中。

3. 对形状的观看

如何去描绘构成形状的那些空间特征呢？看起来，最准确的描绘方法，就是把构成这些特征的所有点的空间位置确定下来。这种方法，就是文艺复兴时期的建筑师列阿尔贝蒂在他的论文《论雕塑》中极力向雕塑家们推荐的方法。图6-5便是选自阿尔贝蒂论文中的插图。

按照这种方法，只要用尺子、量角器或铅垂线，测出一尊雕塑的某些角度值或距离，就可以把雕塑上的任何一个点描绘出来；而在获得足够的测量数据之后，甚至就可以把整个雕塑复制出来。正如阿尔贝蒂所说的，即使我们把雕塑的一半放在帕罗斯岛上塑造，另一半放在卡拉拉山上塑造，这两个部分还是能够合适地装配在

图 6-5

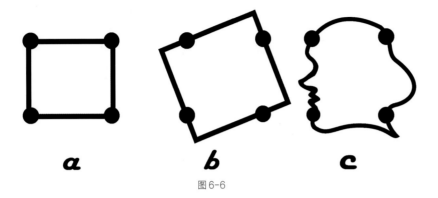

图6-6

一起，形成一个完整的塑像。这种方法的特点就是：它可以将一个个别事物复制出来，然而得到的结果却只能使人摇头。我们知道，这一塑像的形状特征，是不可能通过测量而探明的。因为对这些数据的运用，必须是在知道最终的结果之前进行的。这种先后顺序与解析几何中的那些步骤十分类似。众所周知，在解析几何中，为了确定一个图形的形状，必须把这个图形中包含的点，通过它们与垂直轴（Y）和水平轴（X）组成的笛卡儿坐标之间的距离来加以界定（在空间中的边界）。这意味着，要想以这种方式构成一个图形，需要足够的测量数据。然而，一有机会，这些几何学家便会脱离这种纯粹将无关材料相加的笨方法，而极力地去发现一个能够把图形中的任何一个点或所有的点都标示出来的公式。这就是说，他极力想要寻找的，是一种普遍适应的构造规律。举例说，他们发现，圆的方程式是：$(x-a)^2+(y-b)^2=r^2$（a是指圆的圆心与y轴的距离，b是指与圆心x轴的距离，r表示半径）。然而即使得到了这样的公式，它所能做到的也只不过是把无限多个点的位置合在一起，形成一个圆形。至于这个圆形的特征，则没有告诉我们多少。

那么，在知觉中究竟发生了一些什么事情呢？为了看见形状，眼睛或许仅仅是把构成这个形状的大部分点都录制下来，并把它们加在一起，最后组成这个形状。与这种方法最为接近的，就是那些由于大脑受伤而失去了看到形状的能力的人所使用的方法——通过手的活动，摸清某一些物体的轮廓，然后通过大脑判定整个物体一定是某个形状。但是他们并没有看见这个形状。他们采用的方式，就像是某个故事中观察迷宫路线的人采用的方式——这个人为了弄清一个城市的迷宫路线，就亲自走完了这条路线，最后根据自己走过的弯曲道路判断出，这原来是一个圆圈。

但是，正常人的眼睛在观看外物时却不是这样，他往往是一眼就看到了它的形状，这就是说，一眼就粗略地抓住了眼前物体的结构本质。那么，眼睛究竟看到了什么样的形状呢？很明显，它看到的是一种十分简单的规则的图形。这些图形以一种清晰、鲜明的轮廓线呈现在眼前。如果眼前是一个正方形，眼睛看到的将是一个正方形。但如果眼前出现的是类似图6-6中所示的图形时，将会出现什么情形呢？实验证明，大部分人会自动地把a图这个图形看成是一个正方形，而不会看成像b图和c图中所示的那类图形。

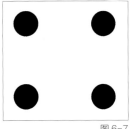
图6-7

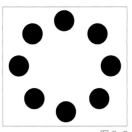
图6-8

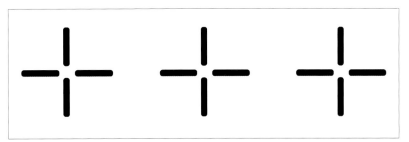
图6-9

　　如果在所示的图6-7中再加上四个点，原来看到的正方形就消失了，而代之以一个八边形，甚至是一个圆形（图6-8）。

　　当人们观看图6-9所示的十字架的中心部位时，有些被试者看到的是白色的圆形，而另一些被试者看到的则是白色的正方形，虽然十字架的中心部位并没有出现任何圆形或正方形轮廓线。那么，为什么人们看到的是类似圆形或正方形的规则形状而不是那些不规则的形状呢？

　　这类现象，可以运用格式塔心理学家们所提出的视知觉的基本规律去解释。按照这些规律，人的眼睛倾向于把任何一个刺激式样看成现有条件下最简单的形状。

4. 简化

　　什么是简化？首先，我们可以根据某些现象对观看者施加影响和作用，对它做出解释。其次，我们还可以把简化的含义限制在主体对现象的主观反应的范围内。举例说，斯宾诺莎对秩序下的定义就适用于简化。斯宾诺莎指出，人们应坚定不移地相信，"秩序"就存在于事物本身，虽然我们对这些事物本身及其本质一无所知。"因为事物本身就是按秩序排列的，当感官把这种排列呈现给我们时，我们就能够极容易地把它们想象出来，而一旦想象出来之后，就很容易把它们记住。在这种情况下，我们就说这些事物中有着良好的秩序；在相反的情况下，我们就称这些事物有着不好的秩序或混乱的秩序。"

　　按照另一种思考方式，我们还可以通过某种现象在一个观察者心理上造成的经验，以及与这一经验有关的大脑生理活动的紧张程度，对简化做出解释。这样一些解释，其实都是不够完善的。引起这种不完善的原因很多，一个观察者对眼前客观现象的反应，很有可能并不是十分充分的。由于观察者本人每一时刻的精神状态都不相同，同一种现象，他有时或许把它看得过于复杂和模糊，因而不能把握这个现象的简化性；而在另外一个场合，他或许又把它看得太简单，因为他对其中的复杂性盲目无知。

　　为了弄清简化的本质，我们不仅要联系简化对个别人的影响，而且还要联系造成一个图形之简化性的准确结构状态。换言之，要正确地解释简化，不仅要顾及主体的经验图式，还必须顾及唤起这一经验图式的刺激物。事实上，只有把简化看作是物理式样本身的客观性质，而不顾及个别人的主观经验时，才能真正理解简化的本质。

　　在实际运用中，"简化"有两种意思。第一种，就是我们通常所说的"简单"。我们常常说一支民歌比一支交响乐简单、一幅儿童画比一幅提奥波罗的画简单。这里所说的简单，主要是从量的角度去考虑的。也就是说，此处的简单是指某一个式样中只包含着很少的成分，而且成分与成分之间的关系很简单。因此，这里所说的"简化"，其反义词便是"复杂"。但是在艺术领域里，"简化"往往具有某种对立于"简单"的另一种意思，被看作是艺术品的一个极重要的特征。典型的儿童画和真正的原始艺术一样，大都因为运用了极为简单的技巧，而使它们的结构整体看上去很简单。然而，那些风格上比较成熟的艺术便不是这样了，即使它们表面看上去很"简单"，其实却是很复杂的。如果我们仔细地观看一尊优秀的埃及雕塑，或一座包含各种形状的希腊庙宇，抑或是一件完好的非洲雕刻品，我们就会发现，它们绝不是那么简单。同样的情况也适合史前洞穴壁画中的野牛图、拜占庭天使画和亨利·卢梭的油画。当我们不愿意承认一般的儿童画、埃及金字塔或某些实用建筑为艺术品时，我们所持的理由恰恰就是，对于一件艺术品来说，最低限度的复杂性和丰富性应该是不可缺少的。建筑学家皮特·波雷克最近指出，"再过一年或一年多的时间，整个美国可能就会只剩下一种类型的工业产品了，这就是那种光滑圆润的锭丸。最小的锭丸是维生素丸，较大一些的锭丸是电视接收机或打字机，最大的锭丸是汽车、飞机或火车。"很明显，波雷克的这番话，不是在赞扬我们的时代正在向文化艺术的高峰攀登，而是生活走向"简化"的一个表征。

　　当某件艺术品被誉为具有简化性时，人们总是指这件作品把丰富的意义和多样化的形式组织在一个统一结构中，在这个结构中，所有细节不仅各得其所，而且各有分工。当库尔特·贝德特称鲁本斯是一个最简单的艺术家时，他的话听起来似乎十分荒谬。然而，在我们听到他对此做出的解释后，就必须能够理解那个由各种积极的力量所组成的世界的秩序。贝德特把艺术简化解释为："在洞察本质的基础上所掌握的最聪明的组织手段。这个本质，就是其余一切事物都从属于它的那个本质。"在简化了上面的定义之后，他继续以提香用粗短的毛刷所作的画为例，来说明这一定义："在这种画中，外部表面和边界线全都被抛弃了，从而使简化性达到了更高的程度，整幅画只用一道工序就完成了。在这以前的那些画中，线条总要受到所要再现的物体的限制，或是被用来描绘物体的边界线或影子，或是被用来描绘强光部分。而现在，线条开始被用来描绘亮度、空间和空气。这样一来，它就满足了更高程度的简化性要求，即永久性的固定形式与永不停止的生命过程达到同一的要求。"同样，当伦勃朗的艺术造诣达到一定高度时，为了使自己的作品简化，就开始拒绝使用蓝色。因为蓝色与他用红褐色、红色、赭色和茶青色组成的混合色不相配。贝德特还以丢勒和丢勒同时代的那些艺术家们所运用的雕刻技术为例，来说明这种简化。丢勒在再现阴影和体积时所利用的那些弯曲的笔画，同时还被用来再现人体的轮廓线，这样，就通过媒介的一致而达到了更高程度的简化。

在一件成熟的艺术品中，所有的东西看上去都彼此相像，天空、海洋、大地、树木、人物，看上去都是用同一种物质材料构成的。这种相似性并没有掩盖这些事物的本质，而是在服从伟大艺术家所掌握的那种统一力量的同时，把每一件事物再现出来。每一个伟大的艺术家所创造的，都是一个全新的世界。在这个事件里，一切原来为人们所熟悉的事物，都具有某种人们从未见过的外表。这个新奇的外表，并没有歪曲或背叛这些事物的本质，而是以一种扣人心弦的新奇性和具有启发作用的方式，重新解释了那些古老的真理。因此，由艺术概念的统一所导致的简化性，绝不是与复杂性相对立的性质，只有当它掌握了世界的无限丰富性，而不是逃向贫乏和孤立时，才能显示出简化性的真正优点。

按照科学研究方法中所遵循的节省律（或经济原则），当几个假定都符合实际时，就应该选择那个最为简单的假定。按照柯恩和纳盖尔的说法："说一个假设比另一个假设简化，主要是指在第一个假设中所包含的那些独立成分的数目，比第二个假设中少一些"。

因此，一个关于简化的假设，就是要以尽可能少的假定去概括所研究的现象的所有方面。在可能的条件下，还要求它不仅能够解释那些具有多样性的特殊事物和事件，而且要能解释进入这个范畴之内的全部现象。

在艺术领域内的节省律，则要求艺术家使用的东西不能超出达到一个特定目的所应该需要的东西，只有这个意义上的节省律，才能创造出审美的效果。艺术家要掌握节省律，就必须去效法自然。正如艾萨克·牛顿所说的："自然决不做徒劳的事情，它每多做一件徒劳的事情，就意味着少供应一些东西。因此，自然满意简化，不喜欢奢侈和浮华。"

至此，我们已经明白，所谓简化，并不是指一个式样中包含着很少数目的成分。当然，成分的多少对于整体的简化是有影响的，一个具有四条边和四个角的规则的正方形，就比一个不规则的三角形简单一些（图6-10）。在正方形中，所包括的四条边不仅长度上都相等，而且离中心的距离也都相等。

这样，它就只有两个方向，即垂直方向和水平方向。它所有角也都大小相等，整个图式看上去高度对称。然而，当我们转向图中的那个三角形时，就会看到，它的成分虽然比正方形的成分少一些，但这些成分的大小都不相等，方向也不相同，而且互不对称。

一条直线可以说是简单的，因为它只具有一个始终不变的方向。互相平行的线条，就比以一定的角度相交的线条简单些，因为相互平行关系是通过一个不变的距离间隔来解释的。一个直角比其他种类的角简单，因为它是通过同一个角的重复，达到对空间进行分割的目的。（图6-11）

图6-10　　　　　　　　　　　　　　图6-11

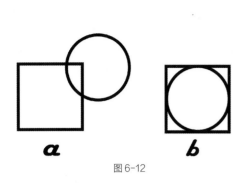

图6-12

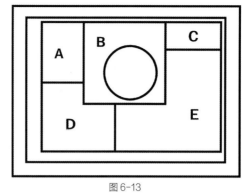

图6-13

　　将图6-12两个图相比较，除了b图圆形的位置做了改变之外，这两个图的其余方面都相同，但因为图中圆形位置的改变，就使得它的两个组成成分有了一个共同的中心。这样一来，b图看上去就比a简单得多了。

　　即便个别组成成分的形状是简单的，但当我们将这样的成分排列在一起时，也能形成一个复杂的整体。某些现代抽象派画家，如约瑟夫·阿尔斯、皮亚特·蒙德雷和波恩·尼库尔孙，都曾经运用上述方法，给那些以简单的几何图形构成的作品增加了无限的丰富性。图6-13是由波恩·尼库尔孙所创作的一幅浮雕的构图骨架，它的组成成分是简单的。类似这样简单的成分，在现代艺术作品中是随处可见的。

　　在图6-14这一构图中，包含着一个规则而又完整的圆，在这个圆的周围，又是一系列的长方形。这些长方形之间有着相互平行的关系（与整个框架也平行）。但是，即使各个成分之间在深度上没有什么区别（在原作中，各个长方形面都在同一个平面上排列着），但其总体效果却并不简单。在结构整体中，不同形式的单位之间不仅没有互相抵触，而且长方形B也好像是覆盖在长方形D和E的上面。

　　另外，由于长方形B顶部的那条边正好附着于代表面框的那个大的长方形之上，而B的其他三条边都离这个大长方形比较远，这样便产生一种复杂的不一致性。最外围的三个长方形比例大体相同，但又不完全相同。它们的中心离得很近，但又不完全重合。这种在比例和位置上的极端接近，就产生出一种相当大的张力。因为这种接近，迫使观看者不得不仔细地去辨认这三个长方形的微妙区别。这种情形也适合整幅构图，位于构图内部的两个单位——A和C，其长方形特征是很明显的。而单位D，当把它被掩盖的部分用虚线连起来之后，便是一个正方形（实际上它的宽度大于它的高度，这样就对垂直高度的习惯性夸大进行了补足）。单位B和单位E（如果用虚线把E那被掩盖的部分连起来的话），看上去都是长方形。然而由于它们的高度比宽度只高出了一丁点，就使得这种长方形显得很微弱，因而看上去就接近于正方形。这样，就产生出一种要求对它进行仔细分辨的张力。整个构图中心，并不与图中的任何一个点重合，整个构图的中心水平线也不与图中任何一个长方形的角相接触。中心垂直线与长方形B的中心离得很远，这样就足以使这个长方形与整个构图之间的关系显得简单一些。同样的情形，也适合于构图内的圆形。然而，由于B和圆形的中心都偏离了中心的垂直轴，所以这两个图形看上去就很不对称。圆形既不位于B的中心，又不位于整个构图的中心。另外，长方形B中那个伸进D和E中的角，与这两个长方形的关系也并不简单。

　　尽管如此，整个构图从整体上看却是有机统一的。这究竟又是为什么呢？除了我们已经谈到的某些简化因素的作用之外，还有另外一些重要的简化因素的作用。我们看到，如果把

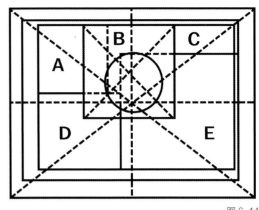

图 6-14

长方形C的底线延长，它就会与中间的圆相切；如果把A扩大为一个正方形，它的一个角也会与这个圆相接触；这样的一些接触就有助于使圆看上去很稳定。当然，除此之外，当我们粗略地观看整个构图时，它的比例、距离、方向都是平衡的，这就必然使得整个构图具有简化性。即使如此，我们在上面对于"简单的成分可以结合成为一个复杂结构"的证明，仍然还是有效的。

至此，我们就可以用构成一个式样之结构特征数目的多少，来解释简化了。从一种绝对意义上来说，当一个物体仅包含很少几个结构特征时，它便是简化的；从一种相对意义上来说，如果一个物体用尽可能少的结构特征把复杂的材料组织成有秩序的整体时，我们就说这个物体是简化的。

这里所说的特征，并不是指组成成分，而是指事物的结构性质。例如，就形状而言，是指其中的角度和距离，因为我们在描述形状时，总是用角度和距离去界定它。当我们把一个圆的半径（或辐条）的数目从10增加到20时，其结构成分是增加了，然而其结构特征的数目却没有增加，因为不管半径的数目如何改变，仍然只用一个角度和一个距离就可以把这个圆的整体结构描述出来。结构特征是为了总体式样而确定的，局部成分的特征越少，其总体结构的特征的数目反而会越多；换言之，局部越是简单，整体反而越复杂。在图6-15中用直线把点A和点B连接起来之后，这条连接线本身是很简单的。然而当我们这样做时，却没有想到，当我们用曲线把A和B连接起来时，会使整个构图变得更加简化。

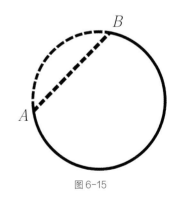

图 6-15

6.1.2 格式塔心理学的意义

设计师为了有效地引起受众的视觉共鸣，需要对人的视觉感知原理有所了解。格式塔心理学是直接对人类所进行的一整套心理学研究，其中许多理论已经被应用到视觉设计当中。

格式塔心理学认为，人对视觉形象的感知是对整体的概括，而不是对局部的简单叠加。正因为如此，人才得以在纷繁复杂的视觉图像中简练概括且准确地感知世界。

格式塔心理学的知识在排版中运用得非常广泛，一个优秀的版面设计一定是格式塔原理的综合体现。格式塔心理学原理可以帮助在交互界面的排版上形成必要的秩序感，提高阅览的速度和理解度，缓解阅览的眼力疲劳和脑力疲劳，从而形成审美愉悦的基础。

6.2 格式塔心理学在视觉流程中的作用

6.2.1 接近性原理

接近性原理是格式塔理论设计中最常用到的一项法则，指空间、时间上接近的客体易被知觉为一个整体。通常情况下，物体之间的相对距离会影响人们感知它们是否以及如何在一起，相对于其他物体来说，相互靠近的物体看起来属于一组，而那些相互之间距离较远的就不是。越接近，组合在一起的可能性就越大，这强调的是位置，如图6-16，人们在意识中，会将其分为两组。

人们会把空间上位置接近的物体看成是一个整体。当边缘线条越接近，观看者就越容易将它们看成一个整体。因此，接近性原理在编排中可以用来形成不同的元素集群（图6-17），方便读者将纷乱的视觉元素按照组来阅读，减轻视觉检索的压力。

接近性原理被广泛应用于交互设计中，例如页面内容的组织和分组设计，以及软件、网站的控件布局和数据排版，对于引导用户的视觉流程及方便用户对界面的解读起到了非常重要的作用。通过接近性原则对同类内容进行分组，同时留下间距，会给用户的视觉以秩序和合理的休憩。设计者们经常使用分组框或分割线将屏幕上的控件和数据显示分隔开。（图6-18）

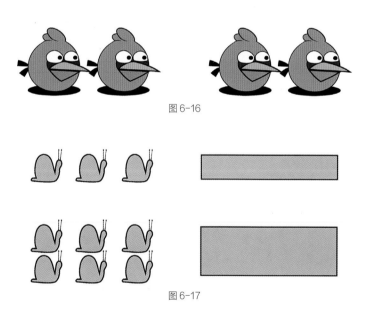

图 6-16

图 6-17

图 6-18

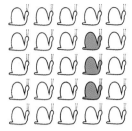
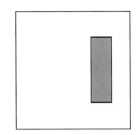

图 6-19　　　　　　　　　　　　　　　　　　　　　　　图 6-20

6.2.2 相似性原理

相似性原理感觉跟接近性原理非常类似，但它们所强调的是两个不同的概念，接近性原理强调位置，而相似性原理则强调内容。相似性主要指物理属性（强度、颜色、大小、形状等）相似的客体易被知觉为一个整体，人们通常把那些具有明显共同特性（如形状、大小、颜色等）的事物组合在一起，即相似的部分在知觉中会形成若干组。这个原理说明了影响我们感知分组的另一个因素：如果其他元素相同，那么相似的物体看起来归属于一组。如图6-19，观者会将蓝色的鸟和红色的鸟自然地分成两组。

当人眼看到相似的形状、尺寸、色彩、空间位置的时候，会自然而然地认为物体是一个有着相同传达作用的类别，这能帮助读者从含义上和空间上将阅读对象分类，逐步明确阅读条理，延续阅读的欲望。因此，相似性也是指导版面设计最重要的原理之一。（图6-20）

在页面设计中，分类使用文本、颜色、图像等，可以更好地区分各个模块和内容。如图6-21中的BookMooch阅读导航，通过相似原理我们可以很容易地将一级导航和二级导航区分开来。

同理，使用颜色来区分不同的内容，相似性原理中的逆向思维也是获取焦点的好方法。这种方法在导航和强调部分信息的设计上也有着广泛的应用（图6-22）。

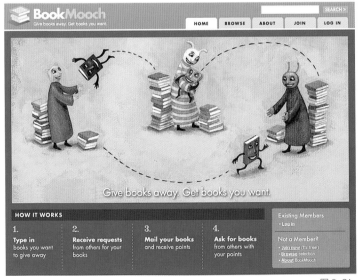

图 6-21　　　　　　　　　　　　　　　　　　　　　　　图 6-22

6.2.3 封闭性原理

封闭性原理是指知觉对不完满的图形有一种使其完满的趋向，即填补缺口的趋向，当物体不完整或者不存在的时候，依然可以被人们所识别。根据以往的经验和视知觉的整体意愿驱使，有时客体虽然不封闭，但有封闭的趋势，人们也倾向于把它看成是封闭的。当客体本身不封闭、不完整时，人们倾向于用过去的知识经验将缺损的轮廓加以补充，把不完整的图形知觉为完整的封闭图形。观看者习惯性地将图形作为一个整体去观察，于是在脑袋里将缺少的形状补充进去之后，便形成最终识别出来的图形效果。图6-23没有方形和圆，但在心理模型中，会自觉地填充缺失的信息，创建人们熟知的形状和图形。

人们通常容易接受一个常见的图形以一个完整的形态出现。因此在获得了常见图形的提示之后，眼睛会主动补全不完整的线条，即便这个线条不存在于纸面上，也存在于人的视觉经验中。（图6-24）

封闭性原理通常被应用于界面和页面设计中，例如在图形用户页面中，经常会用堆叠的形式表示对象的集合，只要显示一个完整的对象和其"背后"对象的一角就足以让用户感知到这是由一叠对象构成的整体。（图6-25）

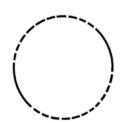

图 6-23

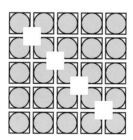
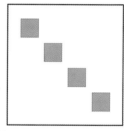

图 6-24

致珍2015春夏新款蕾丝拼接雪纺大摆裙名媛短袖时尚修身女连衣裙26

图 6-25

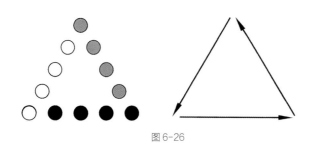

图 6-26

图 6-27

6.2.4 连续性原理

　　连续性原理是指具有连续性或共同运动方向等特点的客体易被知觉为一个整体，我们的视觉倾向于感知连续的形式，而不是零散的碎片。当多个视觉元素在版面上以某一方向顺序排列的时候，我们的眼睛会产生一种强烈的线性感知，这种感知方式在版面编排里帮助我们支撑起画面的结构，产生阅读的顺序，并让视点在平面空间里顺畅地流动。没有线性结构支撑的画面会造成视觉上的坍塌和松散。（图6-26）

　　在图形设计中，使用了连续性原理的一个最广为人知的例子就是IBM的标志，它由非连续性的蓝色块组成，但一点也不含糊，人们很容易就能识别出三个粗体字母，就像透过百叶窗看到的效果一样。（图6-27）

6.2.5 对称性原理

　　格式塔对称性原理则抓住了人类观察物体的第三种倾向性：人们倾向于将复杂的场景分解从而降低复杂度。人类的视觉区域中的信息有不止一个可能的解析，视觉会自动组织并解析数据，从而简化这些数据并赋予它们对称性。

　　例如，将图中左边复杂的形状看成是两个叠加的正方形，而不是两块顶部对接的砖或者一个中心为小四方形的细腰八边形。一对叠加的正方形比其他两个解释更简单，它的边更少并且比另外两个解释更对称。（图6-28）

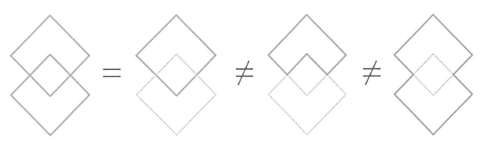

图 6-28

图6-29

在印刷图片和电脑屏幕上，可以利用视觉系统对对称性原理的依赖，用平面显示来表现三维物体，例如Paul Thagard的著作*Coherence in Thought and Action*（2002）的封面设计中的三维立方体。（图6-29）

6.2.6 主体与背景原理

人的眼睛和意识具有把物体从周围环境中区分出来的能力，确切地说，是具有定义主要视觉形象（主体）和次要视觉形象（背景）的能力。人类的大脑将视觉区域分为主体和背景，主体是一个场景中占据主要注意力的所有元素，其余的则是背景。

主体与背景也说明场景的特点会影响视觉系统对场景中的主体和背景的解析。例如，当一个小物体或者色块与更大的物体或者色块重叠时，人们倾向于认为小的物体是主体而大的物体是背景。如图6-30，当物体重叠时，观者习惯把小的那个图形看成是背景之上的主体。

在用户界面设计和网页设计中，主体与背景原理较常用。背景可以传递信息（用户当前所在位置），暗示一个主题、品牌或者内容所表达的情绪。例如，网页上经常用来在其他内容之上弹出信息，作为吸引用户注意力的焦点内容，弹出的窗口作为短暂的新的主体，后面的网页内容变灰了，但还是可以看见，这样能够帮助用户理解他们在交互中所处的环境。（图6-31）

图6-30

图6-31

6.2.7 共同命运原理

前面的六个原理都是针对静态的图形和对象，本原理则涉及运动的物体。共同命运原理指出一起运动的物体被感知为属于一组或者是彼此相关，例如，同样间距和颜色的图形，在视觉上会把它们分为一组。（图6-32）

在交互设计中，比如同样功能按钮HOVER效果一样，不至于让用户分不清同类选项。文件夹拖动时同时选中的文件夹出现的反白背景及运动轨迹是共同命运原理最直观的解释。（图6-33）

图 6-32

图 6-33

 教学导引

本章小结：

　　本章针对格式塔心理学原理与格式塔心理学在视觉流程中的作用进行了分析论述，在心理学原理部分，以形状、以往经验的作用、简化三个知识点为主，概述了心理学的研究意义。本章在分析格式塔心理学在视觉流程中的作用时，引用了相关案例进行论证。通过本章的学习，学生可以对格式塔心理学原理有一定的了解；对格式塔心理学在视觉流程中的作用有深入的认识，为个人创作打好坚实的理论基础。本章对格式塔心理学只进行了部分原理的介绍，学生需通过专业的书籍在课后进一步学习，加强对格式塔心理学原理的认知。

课后练习：

1.按照格式塔心理学原理分析一个电商的网站构成应用了哪些格式塔心理学的基本原理。

2.试举例说明格式塔心理学对数字媒体交互设计创作的作用。

第七章
数字媒体交互设计的
作品赏析

网站界面图形用户设计赏析

软件产品图形用户界面设计赏析

手持移动设备用户界面设计赏析

游戏图形用户界面设计赏析

移动通信软件界面设计赏析

智能家电产品图形用户界面设计赏析

多媒体影音产品图形用户界面设计赏析

车载设备图形用户界面设计赏析

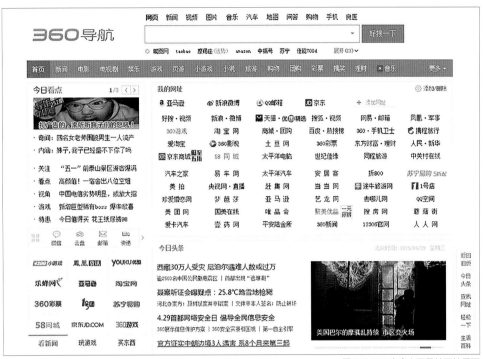

7.1 网站界面图形用户设计赏析

图7-1为360安全上网导航网站界面，此网站界面属于门户网站。网站的主要功能为信息搜索与查找。

由于该网站属于门户网站，信息量较大，功能较多，所以采用扁平化的文字呈现方式，使用户直接获取信息，避免信息辨识模糊。界面以简洁的设计语言传达信息，提高网站的信息量的同时减少了用户的学习成本，广大用户也可以根据图形化的设计语言迅速进行信息的查找与搜索，给用户带来方便、快捷的视觉流程和操作体验。

色彩关系上，该网站界面整体为高亮调，以绿色的冷色调为主，以黄色、红色和蓝色为辅，色相多为邻近色对比和互补色对比。

界面中采用大面积的留白给人整齐、简洁的视觉感受，突出了信息主题，简化了界面的同时表达了网站的自信，使得界面信息传递更快，增强了网站的品质感，给人一种理性的心理暗示。360导航采用了绿色的数字和灰色的文字搭配，绿色给人一种安全可靠的心理感受，充分体现了网站的可靠性。灰色单线条外框和白色底的矩形搜索框及直角白色的搜索按钮，占据顶部主要位置，给用户更直观的视觉感受和强烈的点击欲望，充分体现了门户网站的查找功能性。顶部导航栏当前选中状态网页在绿色底上采用白色字体，不仅与其他黑色字体的新闻、视频、图片等导航功能进行区分，而且与网站界面主色绿色相呼应，使整个界面更加和谐统一。黄色的太阳天气状况显示与界面中新人福利红色字，以及黄色金币与58同城的黄色字和红色图像互相重叠，增强了界面的色彩丰富性。中间区域按功能区分的板块，采用了少量蓝色字体，即与其他小类别进行区分，打破了界面色彩的单调性，使界面更加丰富又不失统一。

整体布局结构上，按照视觉流程，从上到下，网站的基本结构框架由顶部的标签栏、上部的搜索区域、中间部分的信息推荐内容和底部状态栏组成；整体布局体现上，采用栅格化的版式设计，按照功能来划分类别板块，将庞大的信息分类，将文字当作图片一样来排版优化，平衡了整个页面。采用栅格化系统来进行文字或图片的排版，使界面看起来简洁美观，尽可能地保持一贯的整齐，左对齐、右对齐，方便用户阅读获取信息，降低了用户的学习成本，优化了用户体验。

顶部的标签栏由360导航主页、经典版、创新版、360云盘、反馈意见、换肤组成；中间部分由360导航链接、城市切换按钮、当天天气状况、空气质量、明天天气、温度、时间、国历及相对应农历、邮箱账号组成；搜索区由搜索网站引擎选择、文本输入搜索框、搜索按钮、当前搜索目标网页及新闻、视频、图片等类别和热门关键词推荐组成；主要信息推荐导航栏由我的主页、新闻头条、电视剧、最新电影、小游戏、小说大全、旅游度假、网上购物、今日团购组成；底部状态栏由Investor Relations、关于我们、安全保障、360招聘、战略合作伙伴组成。

从左到右，两边均留有均匀适当的空白间隔，各个信息板块间上、下、左、右间距相等，顶部的360导航巧妙地打破了规则的栅格化形式，平衡了画面感。

在交互体验上，操作简单易寻，主要搜索功能信息一览无余。界面顶部的搜索框，在白色的背景下，灰色的外框与背景明显地区分出来，按钮视觉效果突出，刺激了用户的点击欲望；网站的盈利外部链接排名越靠前，则被用户发现点击的机会越多，将盈利与搜索功能相结合，从上到下分别是文字到图片，给用户更多的下拉交互欲望；为了给界面增加趣味性，还在中间推荐导航栏"团购"后设置了"音乐"按钮，使用户可以根据自己的需要决定是否打开音乐。

此界面最大的亮点是界面布局的规整性及个性化网址管家的设计，用户可以根据自己的需要，方便快捷地管理网址，将庞大的信息归类化、具体化，将盈利与网站功能性相结合，却又不凸显出其功利性。巧妙地采用了绿色为主色调，黄色、红色为辅，在视觉感受上，绿色使人联想到自然、安全、健康，黄色使人联想到温暖，红色使人联想到热烈，在使用网站过程中，给用户带来安全、放心使用的直观感受。

7.2 软件产品图形用户界面设计赏析

图7-2为360安全卫士界面，该软件是一款上网安全软件。软件的主要功能是为电脑杀毒，因为杀毒软件功能较少，作用单一，所以使用了简洁明朗化的设计风格。

整体设计风格上，采用当下较为流行的扁平化设计风格。扁平化、图标化的呈现方式，使用户能快速准确地获取信息，会较少产生辨识问题和迷途现象，提供了更好的用户体验。用简洁的设计语言传达信息，提高了软件的可用性，减少了用户的学习成本，新用户或者比较欠缺实际操作能力的用户也可以根据图形化设计语言迅速地进行识别，给用户简洁的视觉感受。

色彩关系上，该界面为高亮调，整体以绿色的冷色调为主，黄色及红色为辅，色相对比多为邻近色对比。界面中采用大面积的留白给人干净、简洁的视觉感受，顶部及中部以绿色和白色相结合，整体给人舒适的心理感受。功能图标上如木马查杀，内部运用了白色的外轮廓，外部采用了绿色盾牌外轮廓形式，给人一种安全可靠的心理暗示，充分体现了木马查

图 7-2 360 安全卫士界面

杀的功能性。电脑清理的黄色和棕色结合的小图标，与界面中电脑显示屏中的黄色和右侧的LOGO采用的黄色和绿色相结合，互相呼应和重叠，平衡了画面的视觉效果。软件管家按钮、右侧内容区域宽带测速按钮及系统急救箱，采用小面积的红色及蓝色，打破了画面色彩的单一性，使界面更加丰富、和谐统一。

整体布局的结构上，按照视觉流程，从上到下进行构建。软件的基本框架结构由顶部的标题栏、右侧的工具栏、中间部分的主画面区域和右侧底部的状态栏组成。

整体布局的体现上，工具栏运用图标的大小变化对功能性进行对比和区分，如右侧的小图标就是点，顶部工具栏的电脑体检、木马查杀等构成了线，内容区域大面积的立即体检按钮构成了面，由以上几点构成了功能上的点、线、面的结合。

顶部的标题栏由版本信息、勋章墙、意见反馈、主菜单、最小化和关闭按钮组成；工具栏由九大按钮图标组成，分别为电脑体检、木马查杀、系统修复、电脑清理、优化加速、人工服务、软件管家、添加功能和LOGO网站链接；中间部分的内容区域窗口由左侧的当前电脑信息操作显示，以及右侧底部的状态栏显示主程序版本及当前链接状态组成。

从左到右，左侧顶部工具栏密，中间内容区域疏，右侧的LOGO标志及右下的内容区域的小图标很好地平衡了画面的左倾，整体上疏密得当，相得益彰。

在交互体验上，总体注重简单直接，使用的主要图标都一览无余。界面中部的"立即体检"按钮，在白色的背景下，采用了与界面相统一的绿色调，按钮视觉效果突出，刺激了用户的点击欲望；中部电脑图标的设计，使用不同的颜色代表电脑的"健康"状态，设计非常人性化；顶部工具栏的"添加功能"的按钮设置，使用户能够随心所欲地添加或隐藏所需要的软件功能；右侧的"功能大全"的设计，为了避免大量图标堆积产生零乱的感觉，软件为用户设置了"更多"的选项，使用户可以寻找更多自己所需要的软件功能。

此界面属于电脑杀毒软件，最大的亮点是色彩的使用结合了软件的特性，界面整体使用了绿色调，绿色在色彩视觉感受上，使人联想到自然、健康，在使用软件的过程中，给用户带来安全放心的心理感受。

7.3 手持移动设备用户界面设计赏析

图7-3为iOS系统8.3版本手机主界面、设置界面，iOS是由苹果公司开发的手持设备操作系统，该系统是集手机信息管理、通信、娱乐与设置为一体的多功能系统。该界面是一款管理手机应用ICON操作界面，信息量大，功能多样，所以使用了固定图标大小尺寸的设计方式。

整体设计风格上，采用了当下主流的扁平化设计风格。扁平化图标的呈现方式，突出了精简原则，放弃一切装饰效果，如特效、透视、纹理等，避免了拟物化设计的元素，扁平化设计视觉效果鲜明，它使所有的元素之间层次清晰、布局规范，使用户能直观地了解每个元素的作用以及交互方式。在显示屏有限的空间范围内，更少的按钮和选项使界面干净整齐，给用户以规整、简洁的心理感受。利用人熟悉的外轮廓形状来凸显其功能性，用户界面元素方便用户点击，这极大地降低了用户学习新交互方式的成本。

色彩关系上，该界面为高亮调，多使用单色调，颜色纯度较高，整体以蓝绿调的冷色调为主，红色及黄色为辅，色相对比多为邻近色对比和互补色对比，属于强对比类型，视觉效果突出，整体风格高端、时尚、简洁。

图 7-3（1）iOS 系统 8.3 版本手机主界面

图 7-3（2）iOS 系统 8.3 版本手机主界面

图 7-3（3）iPhone 设置界面

绿色和蓝色为此界面的主色，色彩亮丽，配色大胆。如绿色的信息图标，绿色的通话图标，蓝色的邮件图标、蓝色的移动商城图标，少量的黄色及红色图标平衡了画面的冷暖关系。图标的表现形式都遵从羊角螺线原则的圆角矩形外框和白色的外轮廓形状。底部采用半透明标签栏形式，四个主要功能图标等距排列，增强了画面的透气感，并与中间图标显示区域进行区分，拉开了层级关系。采用深空灰色的背景，与主要图标鲜明的配色形成强烈的视觉反差，突出主要图标，增强了交互欲望。应用程序图标右上角红色圆点，显示了当前应用消息通知条数，凸显人性化管理，红色给人警醒和提示的感觉。在深色的背景上，字体的颜色选择了白色，增加了文字信息的识别度。点击设置图标进入设置页面，在灰色的背景下，根据功能来划分区域板块，单个板块之间都选用白色底与黑色单线来隔开排列；各个不同功能区域都留有相等间距来区分类别，信息点较多，为了避免图标堆积产生凌乱的感觉，全部采用靠左对齐方式和下拉式菜单，让用户可以找到自己所需要的信息并加以设置。

整体结构布局上，按照视觉流程，从上到下，界面的基本框架结构由顶部的电池栏、中间主画面区域及底部标签栏组成；整体布局体现上，图标的上、下、左、右位置及大小固定不变，横成列，竖成行。横排只能摆放4个图标，每个图标大小相等，等距离排列；竖排随着手机型号不同可排列图标数不同，此界面竖排图标最多只能排列6个，如第一屏图标已经排满屏幕，系统会自动生成第二屏并继续图标位置的摆放，依靠中间区域下部小圆点来显示有多少屏，白色圆点为当前显示屏页面。

顶部的电池栏由当前信号显示、网络营运商名称、当前网络模式、数字时间显示、工具设置显示、电池百分比显示及电池量显示构成；中间部分的内容显示区域由系统图标显示、用户自行下载的应用软件图标显示和当前所在屏幕三部分构成；底部标签栏由四个等比例大小图标框固定摆放，如电话、邮件、浏览器、音乐，用户可以根据需要自行改变以上功能图标的位置，不固定图标信息。

在交互体验上，灵活性较强，方便快捷、简单直接。在主界面中，用户长按应用程序图标直至图标在屏幕上抖动，就可以任意拖动图标改变位置，将一个应用图标拖动到另一图标上方持续几秒，系统会自动生成文件夹；点击抖动图标右上角的红色按钮，即可删除选中的应用程序；点击屏幕任意空白处即可退出更改应用图标位置，提高了用户对界面的主观可控性。在设置页面中，利用位置板块区域来区分常用功能和次要功能，符合用户习惯；采用大面积留白的形式，突出了图标位置和文字信息，右侧更多信息显示按钮采用了箭头的样式，很巧妙地将屏显隐藏，避免了杂乱信息的干扰；左侧左对齐及右侧右对齐的方式，符合视觉流程，增强了界面的整洁性和规则感。

此界面属于移动端手持设备操作系统界面，最大的亮点就是用户可以自由地改变应用图标位置和将应用图标分类化并创建文件夹，更改文件夹名称。界面色彩明亮、颜色绚丽，视觉冲击力强，使人感觉时尚、大气。

7.4 游戏图形用户界面设计赏析

图7-4为一款Q版休闲游戏的物品界面，该应用是网易出产的以中国西游修仙为题材的中国风Q版卡牌游戏《迷你西游》。《迷你西游》作为网易的第一款西游类手游鼎力之作，将《西游记》和《封神榜》等神话巨著作为背景，依旧沿用卡牌游戏模式，并将游戏中人物和物品Q版化并与时尚卡牌简单易懂的操作玩法相结合，给玩家带来了很多的乐趣。

整体设计风格上，采用当下比较受欢迎的拟物化Q版写实风格。

拟物化Q版写实的呈现方式形象、生动、富有趣味性，让玩家在体验的时候感到轻松愉悦，深受众多玩家的青睐。图标按钮使用圆角矩形的Q版设计与绘制，与界面风格相匹配。拟物化的呈现方式，也降低了玩家的学习成本，操作简单易懂，给玩家营造一种真实的体验感，渐变的表达方式和对比色的合理运用使整体显得和谐，有效减少视觉干扰，扩宽玩家可视范围，可点击性强，交互和视觉完美融合。

色彩关系上，该界面为低短调，整体色调以蓝绿色的冷色调为主，黄橙色、红色为辅，色相对比多为互补色对比。

界面中采用大面积的蓝绿色，给人以清新和谐的视觉感受。整体色调以蓝绿调为主，底板为深蓝色渐变，顶部和底部运用同样的表达方式，将绿色的渐变为底搭配弱化视觉效果的卷云纹作装饰，上下呼应，使界面显得统一和谐。中部由物品栏和宝箱栏组成，当前界面为物品栏选中界面。这种明快的色彩对比体现了当下Q版和卡牌相结合的Q萌特点，用图像化语言表达方式，抓住了大部分玩家对色调鲜明的卡牌游戏热爱的心理，增强了玩家对游戏的兴趣。底部用颜色和大小对图标的等级和作用类别进行区分，使玩家在操作上更加方便快捷。整个界面疏密结合，点缀色布局均衡，与背景色相互衬托、相互呼应，让界面看起来更有层次感。浅蓝色的卷云纹在增强画面的丰富性的同时也更能体现休闲类游戏中国风的特点。界面以渐变的方式，用明度来区分其主次，背景和底板使用深色渐变，将要展示的物品列表栏的渐变提高了纯度，加之明度上的变化以便于玩家快速识别。界面整体和谐统一。

整体结构布局上，按照视觉流程，从上到下，界面的基本框架由顶部的状态通告栏、中部的物品栏、底部的空白栏组成。

顶部由状态栏与通告栏组合而成，状态栏内由体力值与活力值、金钱以及充值获得的元宝等部分构成，底板以玉石的绿色调为主，采用卷云纹的表达形式结合玉石的材质，强调其玉石质感的真实性，区分状态栏与通告栏的层级关系。

中部由物品栏与宝箱栏构成，底板采用轻薄质感设计，加入少许纹样，将透明度调低，弱化纹样质感表现，减少视觉干扰，扩宽玩家的可视范围，衬托出表层的物品展示栏，达到了更好的交互效果。图标使用栏采用中国古代玉石材质的特点，通透、圆润，与雕花纹样相结合，使扁平化的界面具有透气感。在不影响界面功能的情况下加入适当中国文化的纹样工艺使得界面更具趣味性与可点击性。

底部由一级主页图标与二级物品、装备、法术图标组成，一级图标底板以玉石吊坠结合卷云纹设计衬托一级图标，在视觉上，与二级图标相对比，拟物化设计的按钮底板更具点击性。一级图标以黄色为主色调，运用Q版绘制的表达方式，强调视觉效果。二级图标运用剪影结合玉石质感的表达方式，弱化视觉效果，使二级图标风格与整体界面风格相得益彰，并有效区分不同层级图标之间的关系。

在交互体验上，主要按钮和图标的位置摆放及大小符合人体工程学原理，方便单手操作。拟物化的图标表现形式，也便于玩家在游戏操作时快速识别。顶部状态栏内的体力值、活力值、金钱等小图标摆放位置所占界面空间小，不干扰玩家的视觉，采用金色，也恰好避免图标被忽略导致的信息传达不够准确。状态栏下的消息通知栏所占面积也较小，突出下方主要显示信息，避免了界面上太多文字显示导致的凌乱感。当选中物品栏时，物品栏图标显示为黄色，醒目显眼，让玩家能够明确自己所在位置，进行物品的选择。物品列表上，物品框面积较大且颜色鲜明，并在一旁加以文字对其作用和等级的描述，让玩家在选择时更加明确。右侧的使用按钮，以圆润的造型加Q版的塑造方式，底部的投影丰富了整体视觉效果。

整个界面层次分明，布局饱满，排列有致，色调统一，风格统一，其最大的亮点是界面与卷云纹的搭配，不仅充分吻合了中国风的风格，同时还在不干扰视觉的基础上恰到好处地丰富了画面效果。

图7-4 Q版卡牌游戏《迷你西游》的物品界面

7.5 移动通信软件界面设计赏析

图7-5为移动通信产品应用软件——微信6.1版本通讯录界面，该软件是一款免费的移动端社交通讯软件。软件的主要功能是实时通讯、沟通，降低了用户与用户间的沟通成本，功能强大，使用了简洁的设计方式。

整体设计风格上，采用了扁平化设计风格。文本化与扁平化图形搭配的表现，简洁明了，通俗易懂。此软件的主要目的是形成文字与语音的交流沟通，扁平化图形的使用可以有效减少其他视觉干扰，提高用户体验效果。

在色彩关系上，该界面为低短调。整体色调以蓝绿色为主，深灰色和橙色为辅。色相对比多为邻近色和互补色。

界面中采用大面积黑白灰，顶部的深灰色给人稳重安静的视觉感受。底板的浅灰色有效地衬托出上层白色的列表栏和橙色、绿色、蓝色填充的图标，整洁大方，与上面的白色图标形成对比，更加突出图标所示功能，有效提高信息的传达功能，同时也起到了点缀画面的作用。

底部选项卡图标以纯灰色加上扁平化外轮廓形式的表达，没有特别花哨的颜色，简洁且形象地传达信息。当鼠标经过或悬停时，图标自动变为亮丽显眼的绿色，增强用户的点击欲望，而保护眼睛的绿色也符合色彩心理学规律，减轻用户用眼时间过长而导致的眼部负担，细节设计非常人性化，给人休闲愉悦的体验感受。

图7-5 微信6.1版本通讯录界面

整体结构布局上，按照视觉流程，从上到下，界面的基本框架由顶部的状态栏、中间部分的搜索栏和列表栏及底部的导航选项区域组成。界面很好地运用了线、面和颜色之间区分的关系，界面黑白灰关系明确，顶部为深灰色，底板为浅灰色，列表栏为白色矩形框，界面下方的选项卡巧妙地用了一根浅灰色细线同上方列表栏分开，叠压关系明确。

　　顶部状态栏从左到右由信号提示、流量、数字时间、蓝牙、电池状态图标和右侧的"添加功能"图标、通讯录标签字样组成，右侧"添加功能"图标的设置，当用户点击进入后，会弹出添加新的朋友界面，使用户能够便捷地搜索QQ号、手机号、微信号添加朋友，还可以通过雷达加朋友、面对面建群、扫一扫等方式进行添加。

　　中间搜索栏的设置，方便用户在众多好友中迅速查找目标好友，避免了好友较多造成视觉疲劳，此搜索栏不仅可以搜索好友，还具有搜索朋友圈、文章、收藏、餐厅等隐藏功能。同时软件还为用户设置了"语音搜索"的图标，使用户在体验时更加方便快捷。

　　列表栏区域由新的朋友、群聊、标签、公众号和星标朋友列表、按首字母排列好友列表组成。列表图标也充分体现了一致性原则，新的朋友、群聊、标签、公众号图标框大小一致，摆放位置一致靠左，排列整齐。

　　底部的导航选项卡分别为微信、通讯录、发现、我四个选项。遵循图文匹配的原则，将颇具辨识度的图标与下方文字合理匹配，方便用户在使用时更快地识别。在操作上，符合人体工程学的规律，大小距离一致，方便点击，当点击选项卡图标时，图标及文字自动变为绿色并立刻进行页面跳转，让用户快速找到目标位置完成交互。

　　右侧的首字母滚动条设置，也顺应了移动端软件用手指操作的特点，上下滚动条不仅让界面的存放空间加长，还便于用户的操作，方便用户寻找好友。

　　在交互体验上，图标按钮的位置及大小遵从人体工程学，移动端用手指操作，图标大且位置较稀疏，有效体现了功能性和实际运用的结合，主要功能图标位置摆放一览无余，总体注重简单直接。主要功能图标如中部新的朋友、群聊、标签、公众号图标位置和底部选项图标位置都摆放得合理、显眼，方便用户操作形成交互。次要的功能图标如添加和语音搜索等，所包含的信息容纳量大，就巧妙地避免了众多图标都在同一界面堆积的现象，以免干扰视觉。界面板块分布明确，主次分明，一目了然，方便快速操作。搜索栏的文字搜索功能配有语音搜索，非常人性化，适应各类人群使用。右侧的首字母滚动滑条搜索的设置，在不影响画面美观的同时也体现了其强大功能性，使用户能快速进行搜索与查找，给用户带来方便、快捷的体验。

　　此界面属于通讯录界面，其最大的亮点是利用不同的板块信息来区分通讯人信息和利用首字母来进行联系人排列顺序与查找，沟通成本低，是一个便携式通讯录。联系人信息容量大，运用滑块可以上下拖动，方便查找，巧妙地避免了画面的拥挤。还有语音搜索功能的设置，操作简单，学习成本低，给用户带来方便、快捷的操作体验。

7.6 智能家电产品图形用户界面设计赏析

图7-6为移动端智能家电产品界面，该软件是一款智能监控安全管理APP应用软件。软件的主要功能为远程监控，因为近年来智能家电产品增多，又多用于家庭或办公，所以使用了简洁大方的设计方式。

整体设计风格上，采用了现在较为主流的扁平化设计风格。扁平化图标的呈现方式，使用户能快速准确地获取信息，简化用户操作步骤，减少中间操作环节过多而导致的信息失真，提高了用户体验感受。用简洁明朗化的图形设计语言，给用户清晰明了的视觉感受。

色彩关系上，该界面为高亮调，整体以橘黄色的暖色调为主，绿色为辅，色相对比多为邻近色对比，为弱对比类型，整体效果和谐。

白色为此界面的主色，给人干净、简洁的视觉感受，如白色的底板、按钮和字体颜色，以及顶部和下部运用白色的底板和乳白色的按钮相结合的形式，整体给人轻盈的心理感受。操作按钮上如PUSH按钮，采用了遥控器按钮的圆形外轮廓，在白色半透明圆形按钮上，用橘黄色小箭头分别表示上、下、左、右四个方向调节摄像头监控位置，凸显出中间PUSH按钮，给人一种真实的操

图 7-6 智能家电监控安全管理 APP 应用软件界面

作体验感，充分体现了摄像头监控位置的可调控性。顶部的橘黄色智能监控及列表按钮与界面中部的上、下、左、右四个小按钮都采用橘色，底部的当前选中状态和音频滑块上、中、下相互呼应，协调了画面的视觉效果。中间当前监控区域，小面积的绿色及棕色打破了界面色彩的单调性，丰富了整个界面，突出了视觉主体。

整体布局结构上，按照视觉流程，从上到下，软件的基本框架由顶部的标签栏、中间部分的主画面区域及底部的操作区域组成。整体布局体现上，运用了带弧度的圆角矩形和圆形的外轮廓，没有坚硬的棱角，利用图标大小及位置的摆放对其功能性进行主次区分。

顶部的标题栏由运营商、当前网络连接状态、当前时间数字显示、蓝牙状态和电池百分比组成；中间部分的内容区域显示窗口由当前监控可视范围，当前温度显示，当前环境湿度显示，监看，回放，中间PUSH按钮及摄像头可控按钮上、下、左、右及抓图和录像组成；底部由视频分辨率、图像像素和音频组成。视频分辨率分别有320dpi×340dpi、640dpi×480dpi，当前分辨率720dpi和1080dpi；图像像素分别有200万像素、当前选中300万像素和500万像素；音频由音量大小滑块和隐藏屏显开关按钮组成。

从上到下，顶部工具栏图标小而密、中间内容区域按钮大且疏、底部图标大小适中，使整个界面疏密结合、有大有小、富有层次感。

在交互体验上，按钮的位置及大小遵循人体工程学原理，移动端用手指操作，图标大且位置较疏，注重功能性和实际运用相结合。主要使用的图标位置及大小都在视觉中心点上。界面中部的当前监控可视范围，可以使用PUSH按钮远程遥控调节可视范围的大小及位置，在白色的背景下，采用了白色半透明的按钮形式很好地连接了操作按钮区域和显示区域，打破了规则的显示框和操作按钮区域，给画面增加了层次感，更加突出了上、下、左、右按钮，给用户舒适的视觉感受和强烈的点击欲望。"监看"按钮采用了单线条的形式，在白色的按钮上运用黑色的字体，犹如人眼睛里白色的眼白、黑色的眼珠。按钮采用了眼睛的外轮廓，识别性较高，更好地体现了"看"这个功能；视频和图像运用字体的颜色和按钮的形状进行区分与对比，当前选中状态的设计带有凹陷感，给用户一种真实的触摸感；音频采用了渐变的滑块，左右滑动即可调节音量大小，使用户和手机进行互动，提高了用户对界面的可控性；为了抓住用户的视觉中心点和主要功能区域，巧妙地将屏显隐藏，用户可根据需要自行开关屏显。

此界面属于移动端智能监控安全管理软件，最大的亮点是使用户可以远程操控监控，结合了实际运用，界面使用了黄色调，黄色和白色在色彩视觉感受上，使人联想到了温暖、轻盈，在使用界面过程中，给用户带来放心的心理感受。

图 7-7 PC 端 QQ 音乐播放器界面

7.7 多媒体影音产品图形用户界面设计赏析

　　图7-7为PC端QQ音乐播放器软件的界面。该软件是目前中国最大的网络音乐平台，是腾讯公司推出的一款免费的音乐播放软件，是集音乐播放、海量乐库在线试听、最流行新歌在线首发、歌词翻译、高品质音乐下载、免费空间音乐背景设置、音乐管理、个人空间等众多功能于一身的小巧精致且功能强大的PC端播放软件。该界面的主要功能为曲风选择和播放，信息量大，归类处理信息，化繁杂为简单，所以使用了简洁的板块归类设计。

　　QQ音乐整体设计风格，采用了当前主流的扁平化设计风格。扁平化的呈现方式，使用户在获取信息时不受视觉上的干扰，能快速便捷地获取图像信息，有效减轻辨识上的迷途问题，为用户提供了更好的体验。此软件属于海量信息储存软件，为避免繁杂，用简洁的设计语言传达信息，可以简化用户操作步骤，有效提高了软件的实用性。

　　色彩关系上，该界面为高亮调，整体主色调以软件主打的绿色调为主，蓝紫色、黄橙色为辅。色相对比多为邻近色对比。

　　界面中大多使用绿色，给人清新自然的视觉感受。左栏为浅灰色信息展示栏，弱化其视觉效果以便衬托右栏板块的曲风选择界面。右栏板块曲风界面内容丰富，以白色为底，分别以多个高亮的糖果色色块区分曲风风格，颜色多为主打色绿色的相邻颜色蓝色、紫色和黄色。整齐排列的正方形扁平风色块呈现方式给人以简洁明了的视觉感受。这种明快的色彩直接抓住了大部分年轻用户群体的心理，加强了用户对图标的点击欲望。色块上的扁平风图标整体为排列整齐的白色，与背景色块相互衬托相互呼应，让界面更加明朗化。底部深灰色的使用恰到好处地将界面的重心抓稳，并平衡了界面，带来轻松的视觉效果，播放进度条使用的绿色恰到好处地与界面的主色调形成呼应。整个界面色彩的运用打破了以前版本的QQ音乐界面运用大部分绿色的画面色彩单一性和传统性，既丰富又和谐。

整体布局的结构上，按照视觉习惯从上到下，软件的基本框架结构由顶部的搜索状态栏、中间部分的主要功能展示区域及底部的播放状态栏组成；整体布局的体现上，左侧的列表栏和整个界面在视觉上显得左右平衡，并然有序，疏密有度。

顶部状态栏由左侧的个人中心、上一步、下一步，中间部分的搜索框和右边的反馈、设置、皮肤、全屏、缩小、放大、关闭按钮组成。其搜索框的功能已强大到可以直接搜索出MV、专辑和歌手等信息。

左侧的列表栏由在线音乐、我的音乐、我创建的、我收藏的和广告弹窗组成，信息量强大且排列有序。当鼠标滑过左侧列表框悬停时，列表框会自动变成浅灰色，而当鼠标点击列表框"音乐馆"时，列表框立刻变为绿色并弹出中间主要功能区，主功能区分别由推荐、排行、歌单、电台、分类、MV、发现七个板块组成，其中，当鼠标选中"电台"导航选项卡时，出现以下七个子选项卡，分别是热门、语种、曲风、情感、年代、乐器、综合。当前界面为电台导航下的子选项卡"曲风"选择页面。鼠标选中"曲风"时，出现中间部分的风格展示区域，风格展示区域由多个排列有致的图文展示色块组成，有Hip-Hop、舞曲、蓝调、DJ热碟、BossaNova、英伦、R&B/轻音乐、摇滚、爵士等多种风格。

底部播放状态栏直接以大小不一且易识别的图标来展示丰富的功能内容，从左至右分别由上一首、播放/暂停、下一首、当前歌曲播放、播放进度条、音质、我喜欢、下载、更多、音量、歌词、播放模式、播放列表这13个图标内容组成，图标的大小直接决定其作用的主次。

右侧的滚动滑块让界面的展示范围扩宽，界面呈现的内容也随之增加。用户可以通过滚动滑块找到下面被遮挡部分的曲风进行选择。整个布局归类明确，清晰明了，层级分明，有效地降低了用户的学习成本，给人以人性化的体验模式。

在交互体验上，导航层级分明，归类明确，上下级衔接得当，方便页面跳转。主要使用图标位置都在视觉中心点上，避免了繁杂的信息扰乱视觉，用户在体验的时候可以更快捷地找到目标并快速识别其功能用途，方便了用户的操作。顶部搜索栏合理的设置，也便于用户在使用时快速查找并获取信息。中部曲风选择板块合理运用不同颜色的高亮矩形框进行曲风种类的区分，遵循了色彩心理学的规律，给人一种清新自然的感受。从位置摆放上，曲风板块的图标摆放最显眼，面积也最大，加强了用户点击欲望。底部的播放状态栏的功能图标全部使用图像化设计，并以大小区分其主次，方便了用户的操作。此界面全新的界面架构和设计，在不影响功能体现的同时也不失设计感。

此界面属于音乐电台曲风选择界面，其最大的亮点是信息的归类与色彩的使用结合了软件的特性。界面整体使用蓝绿色调，使人联想到自然、健康的同时，还运用了给人以希望、让人活跃欢快的糖果高亮色块加强了界面的美观度。这为用户在使用软件的过程中，提供最方便、最流畅的在线音乐和丰富的在线音乐社区服务，同时还给用户带来愉悦、轻松、纯粹的心理感受。

7.8 车载设备图形用户界面设计赏析

图7-8为一款车载系统应用软件，该软件是一款集GPS导航系统和娱乐于一体的应用型软件，图为车载音乐播放器界面。该界面的主要功能为播放音乐，功能直接，所以使用了简洁明朗化的设计方式。

整体设计风格上，采用了拟物化的设计风格。

拟物化界面的呈现方式，更容易让人明白此界面的功能，使用户快速、便捷地获取图像信息，提高辨识度。结合生活实际图像，抓住图像外轮廓特征进行图形化语言设计，给用户一种亲切感，降低了用户的学习成本，内容简单易懂，给用户一种操作的真实感，优化了用户体验。

色彩关系上，该界面为低短调，整体色调以橘红色的暖色调为主，红色、深灰色为辅，色相对比多为邻近色对比。

界面中采用大面积深灰色，整体呈现出电子产品类的科技感。深灰色底板的使用，突出了图标按钮，顶部标签栏和底部导航栏运用黑色边框相呼应。顶部标签栏采用文字化图形语言设计"音乐播放器"形式，直接明了，简化了图像到信息的转换方式，给用户提供简洁的操作指引。中间内容区域左侧CD图形，体现了音乐播放器的功能性，红黑相间的CD图像与界面主色橘黄色相结合，模拟真实CD光盘质感，使界面风格更加丰富统一。

图 7-8 一款车载系统应用软件音乐播放器界面

整体结构布局上，按照视觉流程，从上到下，软件的基本结构框架由顶部的标签栏、中间部分的主画面显示区域和底部导航栏组成；整体布局运用了带弧度的圆角矩形和圆形的外轮廓，没有坚硬的棱角，而以圆润、流线型的呈现方式，让界面更加酷炫时尚，并且有效地利用图标大小及位置的摆放对其功能性进行区分。

顶部的标签栏由左侧的数字时间显示、当前位置音乐播放器和返回按钮组成；中间部分内容显示区域由左侧播放模式随机播放、列表循环和右侧的当前歌曲名字显示、当前歌曲播放进度显示、下一曲歌名显示、当前歌曲演唱者、当前歌曲出处及音量大小滑块组成；底部导航栏由六大按钮组成，分别为静音、上一曲、暂停、播放、下一曲、音乐列表。

从左到右，中间内容左侧显示区域疏、右侧显示区域密，左侧的CD图形面积大且靠左，右侧的音乐显示、歌手信息及歌曲专辑显示巧妙地平衡了画面的左倾。疏密结合，给整个界面增加了层次感。

在交互体验上，按钮的位置摆放及大小符合人体工程学原理，方便单手操作，图标大且位置合理，注重功能性和与实际运用相结合。主要功能图标放于画面底部，在不影响安全驾驶的前提下，方便驾驶人员操作。界面中部的当前歌曲信息显示区域，只单纯地显示歌曲信息，没有图像，巧妙地集中了驾驶人员的注意力，在驾驶过程中驾驶人员眼睛要看向前方路面情况，而不是车内，减少了安全隐患；左侧的音乐播放模式，利用黄色的按钮来区分当前选中播放模式，将当时播放模式有序地放在左侧CD图形上，在不破坏界面整体性的前提下使界面显得生动；左右拖动音量滑块即可调节音量大小，使用户方便快捷地进行操作，提高了用户对界面的操作感和可控性。底部的六大主功能按钮，都采用通俗易懂的大众化图形设计语言。在黑色的底上采用白色的按钮，图标按钮利用凹陷感来和底板拉开层次，抓住视觉中心点，突出按钮的功能性，减少了信息干扰，如静音就采用了白色的小喇叭加上一条斜线，仿照在交通规则中一个圆上一条斜线代表禁止的意思，更好地体现了"禁止声音"这个功能性。

此界面属于车载系统音乐播放器界面，最大的亮点就是用户可以方便、快捷地切换歌曲，界面采用了大面积的黑色底，巧妙地采用了橘黄色为主色调，红色、深灰色为辅，在使用过程中给人带来安稳的心理感受的同时还不失车载软件的时尚感。

后记

　　数字媒体交互设计是数字信息化时代的一个新兴设计领域，也是一个典型的综合性交叉学科。在当今的艺术设计领域，数字媒体交互设计行业不仅是对传统审美观念内涵的扩充，更多体现的是对人类情感与行为的关注。处在21世纪信息时代的我们，能够深刻体会到科学技术对现代交互设计发展的重要推动作用。但在科学技术及产品更新换代极快的当今社会，数字媒体交互设计不得不适应科学技术的发展变化，从业人员不得不面临被行业淘汰的风险。本书作者以理论与实际相结合的方式，提炼并梳理出从业人员所需要掌握的设计方法与设计理念。通过全书系统化的学习，能够帮助不同条件的学员和交互设计爱好者了解这一行业并能够在这一行业得到长远发展。

　　本书对数字媒体及交互设计的内涵、流程、发展史及相关领域知识进行了梳理。作者本着数字媒体"文化为体，科技为酶"的精髓，认真对现今中外优秀的数字媒体交互设计实例进行翻阅与筛选，最终完成本书的编纂。

　　本书选用的附图来自不同的渠道，由于许多作品未具体标明原作者和出处，故在书中难以一一具体标注。仅在此向这些优秀作品的艺术家们表达深深的歉意，作品的著作权仍属于作者本人。是您们用超凡的智慧创造了极具文化价值和创新价值的新天地，使我们的时代变得丰富多彩。同时向还在数字媒体交互设计行业中奋斗的朋友们致谢。

　　在这里特别感谢陶秀瑾、先知梦灵、杨月梅同学对文字的校对以及资料的整理、图片的优化等所做的工作。

参考文献：

张文俊著. 数字新媒体概论[M]. 上海：复旦大学出版社，2009.

林迅著. 新媒体艺术[M]. 上海：交通大学出版社，2011.

李世国，顾振宇著. 交互设计[M]. 北京：中国水利水电出版社，2012.

黄琦，毕志卫著. 交互设计[M]. 杭州：浙江大学出版社，2012.

李四达著. 交互设计概论[M]. 北京：清华大学出版社，2009.

（美）塞弗著. 交互设计指南（第2版）[M]. 北京：机械工业出版社，2010.

（美）杰夫·约翰逊著. 认知与设计：理解UI设计准则（第2版）[M]. 北京：人民邮电出版社，2014.

（美）鲁道夫·阿恩海姆著. 艺术与视知觉[M]. 成都：四川人民出版社，1998.

李卉著. 数字媒体艺术的交互性在公共空间中的应用研究[D]. 合肥工业大学，2011.

吴伟和，王毅强，王文涛，陈美娟. 数字媒体的自然式交互设计研究[J]. 艺术与设计·理论，2010，（4）：22~24.